# 手仕事を求めて

## 東ネパールのダカ織り工房の日常

高道由子

ブックレット《アジアを学ぼう》62





風響社

# 手仕事を求めて——東ネパールのダカ織り工房の日常

高道由子

## はじめに

### 1　手を動かすことの喪失

幼い頃、私は手を動かして何かをつくるのが、とても好きだった。ちまちまと折り紙やビーズ遊びに明け暮れていた。それは、祖母の影響だったように思う。服飾学校出身の祖母は、貼り絵や洋裁、刺繍、編み物などをして、手をよく動かしていた。私が奈良の家に遊びに行くと、すでに小さく切った布や和紙が用意してあって、お手玉や爪楊枝入れ、ふくろうの置き物、くす玉をつくったりした。お菓子の空き箱にぴっしりと正確に和紙を貼り付けて物入れにする祖母を真似て、自分の家に帰ってやってみても、なかなかきれいにはできなかった。

独創的なものづくりというよりは、むしろ私が好きだったのは、ひたすら同じことを延々と繰り返すようなことであった。例えば、祖母は、暇さえあればチラシで枝豆のがら入れを折っていた。私は今でもこの作業がやけに好きだし、裏紙や布を延々と同じサイズに切るようなことも好きである。

でもきっと祖母のように普段から手を動かしている人からすると、それは当たり前に日常に組み込まれていて、好きとか嫌いとか、そういう類のものではないはずだ。逆に言えば、私の日常には意識しない限り、手を動かして何かを生み出すことが、とても少ない。

本書では、こうした手仕事が身近なものでなくなった日本での暮らしと、手仕事が日常と混ざり合った東ネパールのダカ織り工房での暮らしとを行き来しながら行なってきた私の研究について、研究に進むきっかけとなった些細な出来事や違和感、水俣で手仕事をする方々との出会いをも交えながら、書き進めたい。それはひとえに、情報システム化が進む世の中で、手を動かすことの意味や価値について、学術界を超えて幅広い層の方に問うてみたいと思ったからである。そのため本書はいわゆる学術的な文体や構成をとっておらず、私の経験をもとに、かなり蛇行しながら話が進んでいくことを、お許し願いたい。その中で、どこか少しでも読者の皆さまにひっかかるところがあればと思う。なお、本書に登場するネパールの人々の人物名は、すべて仮名とする。

さて、私が日常の中で手を動かすことが少なくなったことに、初めて自覚的になったのは、メーカーの情報システム部門で働いていたときだった。祖母が私が中学校に入る頃に亡くなってから、何かをつくることが少なくなっていった。なんとなくぼんやりとした学生生活を過ごして、大学に入学したものの、専攻した経済学は一向にぴんとこず、周りが就職活動に精を出している間も何にもしなかった私は、けれど結局一年遅れで就職活動をすることにした。特にやりたいことがなかった。そんなこんなだったため、熱烈にどこかの企業に入りたいという希望はなかった。ただ、唯一こだわったのは、メーカーを受けるということだった。銀行や商社、コンサル、広告などの業界に比べて、ものをつくってそれを売るということは、とてもわかりやすいことのように、私には思えた。

私が入社したメーカーでは、入社から半年程度、研修があり、創業の地の見学に行ったり、工場実習に行ったりした。特に印象に残っているのは、工場実習の期間だった。実際に製造ラインに入って、ラジオ体操をし、一緒に働くおじさんの指導の中、製品の組み立てを行なう。実習の短い間でも、段々と道具に慣れ、うまく組み立てられるようになるのが楽しかった。工場実習の最終日、「ひとりで全部組み立ててみる？」と言われた。同じラインの方々が見守る中、製品の組み立てを終えたとき、ちょっとした満足感に包まれた記憶がある。

工場実習のあと配属された部門は、情報システム部門で、私が主に担当したのは、基盤システムだった。基盤システムとは、業務アプリケーションが動くための土台となるシステムである。つまり、見えないところで動くシステムである。システム・エンジニアの方が書いた設計図を見て、頭ではなんとなく理解しても、システムは実際に触れられないし、何がなんだかよくわからなかった。「わかりやすそう」という単純な動機で入社したメーカーだったが、あてが外れた。私は、自分が一体何を扱っているのかが、いまいちぴんときていなかった。また、なんのためにこうしたシステムが必要なのか、という大きな疑問がずっと頭をよぎっていた。システムが構築されるたびにバグが発生し、そこに大量の人員が割かれる。自分も日常的にさまざまなシステムの恩恵を受けていることは自覚していたが、他方で、人もものも揃っているのに、システムが動かないと何もできないような状況が、世の中にたくさんあることに、矛盾も感じていた。東京で外資系のＷｅｂサービス会社で働く友人が、「システムとかをつかって業務を効率化するって言ってるけど、じゃあなんで仕事量は一向に減らないんだろう？」と愚痴をこぼしていたときに、同じような疑問を抱えているのは自分だけではないのかも知れないと感じた。

このような疑問を抱きながら日々を送る中で、頭だけが疲弊していくような気に苛まれた。工場実習の日々とは違い、システム部門に配属されてからは、出社してから退社するまでのほとんどの時間をパソコンの画面を見て過ごした。しかし、書類がつくれるようになったり、社内の決済システムが使えたりするようになっても、工場実習で段々と道具に慣れていった満足感は味わえなかった。

そんな中、家事をする時間が妙に心地よく感じていった。風呂を洗ったり、食器を洗ったり、アイロンをかけたり、掃除をしたり、そんな些細な行為に癒しを求めていった。それだけでは飽き足らなかったのか、暇を見つけては、彫金教室や洋裁教室に通うようになった。無性に手を動かして、ものをつくりたくなった。ものと向き合い、ものに働きかけ、あるいはものから働きかけられながら、何かをつくりあげてゆく時間は、システムに覆い尽くされた私の日常の中で、とても大切な時間となっていった。教室で知り合った人たちと仲良くなるうちに、私と同じような動機でものづくりをはじめた人が何人もいるのがわかった。システム・エンジニアからの転職を考えている、という人も教室に二、三人いた。私の抱えていた、手を動かすことの喪失感は、私だけの悩みではないのかも知れないと思った。このことは、社会の中でうまくやれないのかもと自分を卑下していた私を、多少なりとも勇気づけた。

## 2 「なんでもできる手になりたい」

話は前後するが、私は水俣にある紙漉きと機織りの工房を時折訪れている。きっかけは学部の頃に、チッソ水俣工場の廃水で水銀汚染された水俣湾を埋め立てて造られた、エコパーク水俣での、植樹祭の準備に参加したことだった。恋路島を望む海際には、小さな愛らしい石の像がぽつぽつとあったのをよく覚えている。

水俣浮浪雲工房は、水俣市の山中にある工房で、一九八四年に、指先や嗅覚に感覚障害を持つ胎児性水俣病患者の方々に「仕事」をつくるため、薬品に頼らない昔ながらの方法で紙漉きをはじめた。「紙漉きがいいんじゃないか」と言ったのは、作家の石牟礼道子さんだった。現在まで、自然素材にこだわって、紙漉きと機織りを行なっている。工房を営むご夫妻、金刺潤平さんと金刺宏子さんは、ともに大学を卒業されてから、「ポスト水俣病」の生活を模索しようと開校された水俣生活学校で学ばれた。そこでは、さまざまな地域から訪れた若者が胎児性水俣病患者の方々と交流しながら、共同生活を送っていた。水俣生活学校には、ルールや仕組みがなく、決まっていたのは食事当番のみであった。牛飼いや畑、水俣病に関わることをする人など色々であり、地域にそれぞれが学びに出かけた。工房はその学校跡地にある。潤平さんはあるとき、作家の水上勉さんから、「良い材料で、良い紙が出来るのは当たり前。お前たちのような環境にいるものが、どうして見捨てられた植物たちに目を向けられないのか」と問われたことがきっかけで、和紙の原料として一般的な、楮や雁皮、三椏だけでなく、竹や熊本県の名産であるい草など、紙漉きには本来不向きで廃棄されてしまう素材をも、試行錯誤して用いている。宏子さんは工房の敷地内で採れる植物などを用いて、機織りを行なっている。

工房にお邪魔すると、いつもお二人からたくさんのお話を聴くことができる。とても印象的だったのは、「なんでもできる手になりたい」という宏子さんの言葉だった。宏子さんは大阪の生まれで、大学時代に島根県のワークショップに参加した際に、地元の子どもがいとも簡単に薪を割っているのに、自分は何もできなかった経験から、「なんでもできる手になりたい」と思い、水俣にやってきた。

宏子さんはよく、「昔の人が普通に、日常的にやっていたような生活がしたい」と言う。毎年、綿花を植えて、種をとり、綿打ちに出して、それから糸を紡ぐ。その糸を草木染めして、機織りをする。これは、途方もなく手間暇がかかる工程であり、宏子さんいわく、「時給に換算したらやってらんない」作業である。「あえてめんどくさいことをしてるから、ちょっとでも効率的で楽な方向に流れてしまうと、おわり。意味がなくなっちゃう」と話す。

宏子さんの機織りは、事前に綿密にデザインを決めることもなければ、そのデザインに合わせて材料を調達することもほとんどない。基本的には、育てたり、勝手に伸びてくる素材からつくる。自然との関わり合いの中でつくるものが自ずと決まってくる、そんなものづくりを、水俣という地域であえて意識的に行なっているとも言える。こうした水俣浮浪雲工房の、自然とのつながりに重きを置いたものづくりの姿勢は、水俣という近代化をめぐる問題が集中的に生じた地域においてこそ、特別な意味や価値を帯びてくるように思えた。それだけでなく、「なんでもできる手になりたい」と希求して、それを実現して日常をおくる人の姿は、情報システムに組み込まれる中で、頭仕事ばかりになった時代をどことなく不安げにさまよっていた私にとって鮮明な印象として映った。

# 一　手仕事を求めて

## 1　地震後のネパール

結局、私は会社を辞めて、手仕事には一体どんな意味や価値があるのかについてもう少し学ぼうと、大学院に入学した。研究地域は、一度会社員時代に訪れ、関心のあったネパールに決めた。と、書けばとてもスムーズな流れのように見えるが、実際はかなり紆余曲折があった。ネパールの手仕事を研究しようと決めて大学院に入学した直後の二〇一五年四月二五日、ネパールで地震が起こったのである。震源はネパールの首都カトマンドゥの北西約八〇キロメートルに位置するゴルカで、マグニチュード七・八だった。同年の五月一二日に発生した余震による被害も含めて、死者はおよそ九〇〇〇人、二万人を超える人々が重軽傷を負い、一般家屋のうち全壊がおよそ七七万棟、半壊が三〇万棟という甚大な被害が出た［Chamlagain and Ngakhusi 2017: 27–29］。

すでに調査地域とのつながりがあり、ボランティア活動に従事する人々に向けて、医療用語の翻訳をしたり、募金活動を行なったりする先輩たちを尻目に、私は何の役にも立たないことに居づらさを感じた。震災後に渡航することにも不安を感じていた。私が研究地域をネパールに決めたのは、指導教員がネパールを研究していたこと、一度だけネパールに行ったことがあったこと、ただそれだけの理由だった。言葉ももちろん話せなかった。自分のようなものが、震災直後に調査に行って、大丈夫なのだろうか。受け入れられるのだろうか。ネパールに関する文献と、地震のニュースをチェックしながら、悶々とした日々を過ごした。ちょうどその頃、別の大学院でネパールを研究しはじめると聞いていた知人が、地震を受けて地域を変更したと連絡があった。やはり今、ネパールに入るのは難しいのかもしれないと思った私は、指導教員に相談に行った。すると先生はこう言った。「震災とか紛争とか大きな出来事があると、人が来なくなったり、研究されなくなったりするから、まぁ行けるんやし、とにかく行ってみたらいいんじゃないでしょうか」。ネパールでは、一九九六年から王制が解体される二〇〇六年までの一〇年間、マオイストによる武装闘争が続き、その間、ネパールに入る外国人は激減した。そうしたことを踏まえての発言だったかはわからないが、私は多少、説得されたような気になった。とはいえ不安は不安で、相変わらず悶々としながら、夏の調査までの日々を送った。

その年の八月、マレーシア航空の夜便で降り立ったトリブヴァン空港では、同じ研究室の先輩二人が出迎えてくれた。カトマンドゥからすぐのパタン（ラリトプール）という街にある日本人のお医者さんのお宅で、何日間か先輩方と一緒に滞在させてもらいながら、人を紹介してもらったり、道路の渡り方やバスの乗り方を教えてもらったり、何から何までお世話になった。

私が以前、会社の同僚とネパールに来たときは、観光地しか見ていなかったため、人々が生活を送る場所に足を踏み入れたのは初めてだった。カトマンドゥやパタンの街を歩いてみると、観光名所であるダルバール・スクエアなどの歴史的建造物や周囲の家々が至るところで崩れ、今にも倒壊しそうな建物がつっかえ棒のようなもので支えられていた。こうした地震の被害に加えて、同年九月にネパール政府が提出した新憲法に反対する抗議活動が、ネパールの南部国境の周辺で行なわれ、インドとの国境のメイン・ルートが封鎖されていた。ガソリンやガスのほとんどをインドに頼るネパールでは、極端な燃料不足と日常の物資不足に襲われていた。カトマンドゥを走るバスは極端に便数が少なく、たまにしか来ないバスに、人やもの、ヤギなどの家畜までもが、文字通り溢れるほど乗っていた。バスの屋根にまで、人、人、人だった。バスに乗り込もうにも、人が外にまで溢れているところに、無理やり乗り込まなければならない。行き先だけ確認したものの、ドアの前でおたおたしていると、知らないおばさんが私を包み込むようにバスにぎゅっと押し込んでくれた。私もおばさんもほとんど外に出ている状態で、バスは走り出した。こわいし、おばさんとものすごく密着していて気まずい。しかしおばさんはそんな状態でも、「どこから来たの？」とのんびり話しかけてくる。周りの人々も時々、私たちの会話に入ってくる。最初はこわさで身体をぎゅっと縮こめていたが、だんだん慣れてきておばさんに体重を預けた。そうすると、外の風が気持ちよく感じた。

## 2 ジャカード織りのダカ

ネパールの手仕事を研究する、と決めてはいたが、どんな手仕事を調査するのか、私はきちんと決めていなかった。ネパールの手工芸に関する研究は少なく、実際に調査地を訪れないとわからないことだらけだった。もっとも、大学院を受験するとなったときに一番初めに思いついたのは、フェルトだった。会社員時代に訪れたとき、フェルト製品がカトマンドゥの観光地タメルにたくさんあったことを思い出したからだった。ネパール製のフェルトは日本でも目にする機会が多く、「なぜこんなところにネパールのフェルトが？」というところにまで進出している。その生産や流通ルートの解明も面白そうだと思った。

しかし、ネパールの手工芸に関する文献を読み込んでいく中で、私は『Nepalese Textiles』〔Dunsmore 1993〕という書籍の表紙にあった、ある布に心惹かれた。それは「ダカ」と呼ばれる手織り布だった。ダカとは、先行研究において、「最も有名なネパールの布」〔Dunsmore 1998a: 53〕、「ネパール中で重要な文化的象徴」〔Rich-Zendel 2013: 310〕として描かれるなど、ネパール文化を象徴する布として知られている。例えば、日本にあるネパール料理屋さんでは、ダカのトピと呼ばれる帽子を被る従業員をよく見かける。また、インドのモディ首相がインドのネパール語話者が多数を占める地域を訪問する際に、ダカのトピを被って演説することもある。

ダカは、こうしたネパールの男性が被るトピの布として最もよく知られている。しかしトピ以外にも、男性が着用するジャケットやマフラー、ネクタイ、シャツ、女性が着用するサリーやクルタ・スルワール（バンジャビ・ドレス）、ショール、ジャケット、コートなどにも取り入られている。東ネパールに多く居住するリンブー民族の間では、女性の民族衣装メクリに使われることも多い。衣服や身に着けるもの以外にも、鞄や財布、ハンカチといったダカの小物もあり、ありとあらゆるものにダカは使われている。

ダカはかつては、国王や政府の役人など、社会的地位の高い人によってのみ着用されていた［Rich-Zendel 2013:

1　ダカのトピを被る男性

2　ダカのショールを羽織る女性

3　ネパールのトリブヴァン国際空港には一時期ダカの展示があった

4　あるひとりの織り手が生み出した模様

310]。しかし現在では、ネパール中で、世代や性別を問わず広く使われており、その着用場面は、儀礼や祭礼の場だけでなく、日常的な場にも広がっている。

初めは、その不思議な幾何学模様と独特の布の色合いに心惹かれた。けれどその後、その本を読み進めていくうちに、ひとつのセンテンスに目が止まった。「ふたつとして同じトピやショールはなく、それぞれが、織り手の創造性や技術を反映させた、独自の個性的な模様を持つ」[Dunsmore 1993: 90]。書籍をぱらぱらめくると、複雑な幾何学模様のダカがたくさん掲載されていた。何かを商品化する際には、まずデザインして、規格化して、コストを計算して、個数を管理して、というようなものづくりが当たり前のように思っていた私にとって、ひとりひとりの織り手の創造性によって生み出され、同じ布は存在しないという記述は、とても興味の湧くものだった。

『Nepalese Textiles』によれば、ダカの中心的な生産地はふたつあり、西ネパールのパルパ、それから東ネパールが挙げられていた。実は、なぜ遠く離れたこの二地域で、同じ「ダカ」と呼ばれる布が存在しているかは明らかになっておらず、それぞれの地域がダカの起源を主張している。この書籍で中心的に取り上げられていたのは、東ネパールのダカであったが、カトマンドゥやパタンで聞き取りをしたところ、「ダカと言えば、パルパだ」と答える人が多かった。当時は長距離バスはいつ走るかわからず、あてもないまま首都から遠く離れた東ネパールへ行くのは難しそうだと感じた。その点、パルパは交通的にも行きやすく、トリブヴァン大学のパルパ・マルチプル・キャンパスの紹介もしてもらえたため、私はまず、パルパに向かった。

パルパの中心タンセンは、標高一三五〇メートルほどの小高い丘の上にある町だった。タンセンの町中にはダ

6　パンチカードをつくる職人がいる

5　パルパのとあるダカ工房

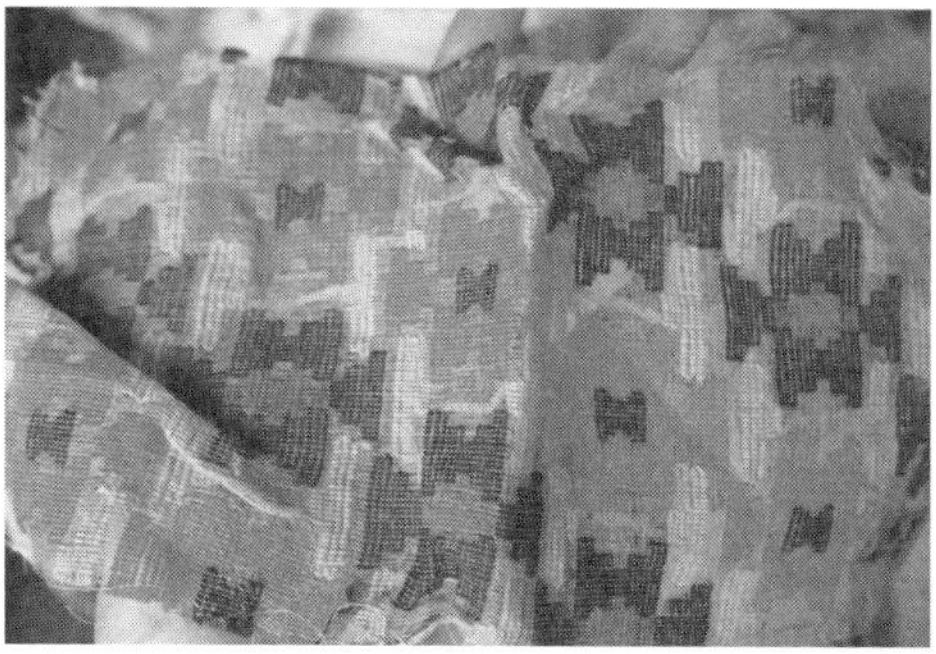

7　パルパの古いダカは向こうが透けて見えるほど薄い

カの店舗がいくつもあり、私はキャンパスの先生の案内で、いくつかの工房を見学させてもらった。そこでわかったことは、タンセンの工房では、ジャカードが広く普及していることであった。ジャカードとは、穴を開けたカードを使用するもので、パンチカード（紋紙）の一列の穴が緯糸《よこ》および経糸《たて》一本に対応し、カードのパターン通りの模様を織ることができる。これにより織り手が模様を知らなくても、複雑な模様を織ることができるし、同じ模様を繰り返し生産することができる。パンチカードは、専門の職人によってデザインされる。つまり、そこではデザインと織ることははっきりと分かれる。私がタンセンで訪れた工房の多くは、ジャカードと、緯糸を通す杼の往復運動を左右の手を使わずにできるようにしたフライ・シャトルを備えた高機《はた》を中心にしていた。地元の女性が多い工房もあれば、インドから出稼ぎに来た男性ばかりがいる工房もあった。タンセンでもっとも古くからある工房では、そうした機能の備わっていない織機で、サリーを織る熟練の織り手もいた。受注生産のサリーのみ、昔ながらの方法で織っているという。工房の経営者は、たくさんの古いダカのサンプルを見せてくれた。それらは向こう側が透けて見えるほど薄く、繊細で美しい布で、私はとても魅了された。経営者は、私にこう嘆いた。「いくら昔のように織っても、買い手から、『なぜこんなに高いの？　他の店はもっと安い。値下げして』と言われる。どのように織ったかなんて、買い手はわかってくれないんだ」。「ふたつとして同じものがない」という点にどことなく憧れを抱いていた私だが、経営者の悩みにも共感した。

タンセンでは数週間、工房や店舗を訪ねながら過ごした。パルパのダカは、王室や軍隊、政府機関の特別な模様を扱っている工房が多いこと、刑務所でも囚人が織っていることなど、さまざまな情報が手に入った。しかし、工房や店舗の経営者と話すことができても、織り手の日常生活にまで踏み込むことができなかった。ここには、私が当時ネパール語がほとんどできなかったことや、キャンパスの先生に案内をしてもらっていたことも、大きく関係しているように思う。また、織り手たちは、杼を弾き飛ばす紐を引くのにとても大変そうで、話しかけるのに躊躇してしまった。結局、時間だけがじりじりと過ぎていき、調査は暗礁に乗り上げた。私は一旦、カトマンドゥに戻って仕切り直すことにした。

## 3　東ネパールへ

カトマンドゥに戻ったものの、ガソリン不足の混乱の続くネパールでは、長距離バスは少ないままで、私はダカのもうひとつの生産地、東ネパールに行くのは難しいと諦めていた。ところがある日、トリブヴァン大学の私の受け入れ教員の先生から、東ネパールのダランまで行けば、ダカの中心的な生産地であるM町まで連れていってくれる人がいると連絡があった。飛行機は飛んでいたので、私はまずカトマンドゥからネパール第二の都市ビ

ネパール地図

ラトナガルまで飛んだ。

タライ平野に位置するビラトナガルはとにかく暑く、空港に着いた途端、もわんとした空気に体が包まれた。リクシャーと呼ばれる自転車のおじさんに声をかけ、ダランまで行くバス乗り場まで乗せてもらい、そこからバスを拾った。狭い路地が多く、人が密集するカトマンドゥに比べ、ダランへ向かうバスが走る道路はまっすぐで広く、道路の両側には森が広がり、時々、頭に荷物を載せた女性が歩いていた。お墓のような場所も何度か通り過ぎた。ビラトナガルからダランまでは、ほんの三〇分ほどで着いたが、標高が上がるため、涼しく感じた。

ダランのバスパークは、活気があった。先住民族ネワールの建築様式である煉瓦造りの建物と近代的なビルの入り混じるカトマンドゥの景色とは違い、ダランは近代的な建物が多く、大きな時計塔が見えた。この街は「ラフレ（グルカ兵）の街」とも呼ばれ、イギリス軍やインド軍に参加したことで、豊かな現金収入を得たネパール人兵士がつくりあげた街と言われる。人口の割合としては、東ネパールの先住民族として知られ、チベット・ビルマ語族に属する言語を伝統的母語とするライやリンブーと呼ばれる民族が多い。

8　タライ平野の開けた風景

9　リンブー民族の神話に登場するユマの石

　私は先生にもらった番号に電話した。しばらくすると、その人らしき人がバイクで現れた。彼はビムさんと言って、リンブー民族の男性だった。バイクの後ろに乗せてもらい、まずオフィスのような場所に行って、チヤと呼ばれるネパールの甘いミルクティを飲んだ。オフィスの壁には、石の写真が飾ってあった。「これはなんですか」と私が訊くと、「ユマだ」とビムさんは答えた。「ユマは、リンブーの神様だ。ユマの石の写真だ」と彼は続けた。後に調べてわかったことだが、ユマとはリンブー民族の神話ムンドゥムに登場する神様で、人間に扮してリンブー民族の女性に機織りを教えたという言い伝えがある。私は不思議な気持ちでその石の写真を眺めた。

　チヤをゆっくりと飲んでいたので、私はバスを逃してしまわないか心配になり、ビムさんに「バスはいつ出ますか?」と訊いた。すると彼は、「バスじゃなくて、これからバイクで行くんだ。ちょうど私も家に戻るところなんだ」と言った。ビムさんにはダランにも山間地にも家があった。東ネパールでは、ビムさんのように山と平野部の両方に住まいがある人も多いようだった。ついでに乗せてくれるのはラッキーだったが、日本でバイク移動をしたことがなかった私は、山道をバイクで行くことに一抹の不安を覚えた。そんな私の不安をよそにビムさんは「そろそろ行こうか」と腰を上げる。慌てて一〇キロほどあるバックパックを背負い、バイクにまたがると、バイクが走り出した。

最初のうちは、バランスが取りづらかったが、慣れれば平気だった。しかし、タライ平野から続いていたまっすぐな道路を抜けて待っていたのは、ぐねぐねと曲がり続ける山道だった。カーブに合わせてバイクが傾くたびに、バックパックに遠心力がかかる。必死にビムさんにしがみついた。しかも道はずっと登っていくわけではなく、登ったり下ったり、標高が変化する。その度に気温が変わり、汗をかいたり、それが冷えたりした。

途中で川沿いの茶屋に立ち寄った。「あとどれぐらいで着きますか？」。チヤを飲みながら訊ねると、「あと五時間ぐらいだ」とビムさんは答える。「五時間なら頑張れそう」と思い、トイレを済ませ、再びバイクにまたがった。

カーブの道に慣れてくると、今度は酔いそうになった。それでも自分はすでに、計七〇キロくらいある事実上の荷物なのだから、これ以上お荷物になってはいけないと我慢していた。すると、登り道の途中で、ビムさんがバイクを突然止めた。どうしたんだろうと思っていると、路上でバイクを止めて立ち往生する若者二人組に声をかけた。「ガソリン切れか？」「そうです、ダイ（お兄さん）」という短い会話が交わされた。こんな山道でガソリンが切れるなんて、なんで計画してこなかったんだろうと思っている私を尻目に、ビムさんは、当たり前のように自分のバイクから、ガソリンを分けてあげた。若者も大してお礼を言うでもなく、そのまま走り去っていった。その何気ないやりとりに、私は自分の感覚との大きな違いを感じた。

ビムさんに訊ねたいことは山ほどあったが、私はネパール語がほとんどできなかったし、ビムさんも英語があまりできない。山道を静かな二人を乗せたバイクが走っていった。初めは感じていた気まずさも、あまりのカーブの多さと、バックパックの重たさ、手足の疲れによって、もうどうでもよくなっていた。ビムさんが言った五時間が経とうとしていた。

日が傾きはじめた頃、突然、山道がひらけた気がした。バイクは山の峰を走っていた。辺りにカリフラワー畑

10　トゥンバの像のある町

が広がっていた。そこを抜けると、小さな町に辿り着いた。ちょうど夕食の準備をはじめているのか、あちこちに煙がたち、美味しそうな匂いが立ち込めていた。この町に辿り着いたとき、私はなんだか懐かしいような気持ちに包まれた。バイクを止めて、茶屋に立ち寄る。茶屋では、トゥンバというシコクビエを発酵させたお酒を飲む女性二人組がいた。大きな木の容器に銀色のストローが挿さっていた。私がじっと見ているとビムさんは、「ユウコも飲んでみるか?」と笑った。飲んでみたかったが、

11　トゥンバの原料のシコクビエ（*kodo*）

この後の道のりがどれくらいかわからなかったため、チヤとモモと呼ばれる蒸し餃子を注文した。東ネパールでよく食べられる豚肉のモモはとびっきり美味しく、チヤを飲みながらも、「あぁ、これがもしトゥンバだったらもっと美味しかったのかなぁ」と思った。食べ終えて外に出ると、辺りは日が暮れていた。バイクが再び走り出す。ビムさんのバイクにまたがって、その小さな町を通り抜ける夕暮れの風景を、初めて調査でネパールを訪れたときの記憶として、私はいつも思い出す。遠くに、世界第五位の高さを誇るマカルー山が、うっすらと見えた。

と、感激したのはここまでだった。日が沈むと同時に、それまでそこそこスムーズだった道路は一変、砂と石に変わった。東ネパールの道路は一九八〇年代に整備され、ネパール国内でもどうやらとても良い道だったら

しい［Dunsmore 1998b: 26］。その道路ですら大変に感じていたが、実はここからが本番。ネパールのローカル・ロードのはじまりだった。バイクは歩く方が速いんじゃないかという速さでしか進まず、何度も砂利道によろけた。バックパックはぽんぽんと上に飛び跳ねて、私を置いて、いつのまにかバイクが先に行ってしまったりした。道は下ったかと思うとまた登ったりしていたが、暗がりだったため、全貌がわからなかった。ひどく寒かった。ビムさんが何度も「ユウコ、寒くないか？」と訊ねてくれたが、そう訊ねるビムさんの声が寒さのあまり震えていて、私は「大丈夫です」としか答えようがなかった。バイクから落ちないように精一杯閉じていた内太腿が限界だった。トイレにも行きたい。けれど、やっぱり巨大な荷物として乗っているだけの私には、何も言えなかった。一体、今何時なのかもさっぱりわからなかったが、五時間が確実に過ぎていることだけはわかった。ただただバイクから振り落とされないようにしながら、「あの五時間はなんだったのだろう」とぼんやりと思った。

12　夕暮れの東ネパールの山道

冷えと疲れの中、知らない間に一軒の家に辿り着いた。ビムさんの親戚のリンブー民族の女性の家だという。夜も遅かったため、食事は断り、挨拶もそこそこに泊めてもらう部屋に案内してもらった。すぐにベッドに横たわろうとすると、一〇代と思しき少女が部屋に入ってきて、床に敷物を敷いた。「あなたの部屋なの？」と訊くと、「ちがう」という。それまで私はホテルか日本人の家にしか宿泊したことがなかったので知らなかったが、ネパールでは客人をひとりで泊めない習慣があるという。この少女は、異国からやってきた私が心細くないように一緒に寝てくれる、家の手伝いの子だと翌日知った。普段から寝つきの悪い私は、「この子は誰？」「この家は、途中で立ち寄っただけなのだろうか」「ビムさんはどこへ行ったのだろう」「機織りの町はここなのだろうか」と色々わからないことだらけで、疲れているはずなのにしばらく寝つけずにいた。しかし、それを越えるほど疲れていたのか、翌朝、「サスミタ！　おいサスミタ?！」という、女性の大きな声に、床で寝ていた少女が飛び起き、ばたばたと部屋から出ていく音で目が覚めた。部屋の近くでは、鶏が鳴いていた。それから、トントンという聞き覚えのない音がどこからともなく聴こえた。この音が、これからほとんど毎日聴くことになる、布を織るときに筬《おさ》を打ち込む音だと知ったのは、もう少ししてからだった。

## 二　日常と分けられないものづくり

### 1　ネパールの概要と機織りの町M町

ここで、ネパールの概要と、私がその後も滞在することになるM町について、簡単に説明する。

二〇〇八年まで憲法上ヒンドゥー王国であったネパールは、インド亜大陸とチベット高原を画するヒマラヤ山脈の南麓にほぼ位置し、標高百メートル以下のインドに連なる平原部タライから、ヒマラヤから流れ下る川によって切りとられた山々が織りなす中間山地帯を経て、白銀に輝くグレート・ヒマラヤの峰々、さらに一部はその北側のチベット的な環境地帯まで、多様な環境をその国土内に含んでいる。こうした複雑な地形や多様な生態をも反映して、ネパールに住む人々は、社会文化的にも、言語的にも、宗教的にも、経済的にも多様である［名和　二〇一七：五、六］。ここからは、名和［二〇一七：六―七］をもとに、ネパールに住む人々の多様性について触れる。

ネパールの住民は、インド・ヨーロッパ語族インド語派に属する言語を伝統的母語とする人々と、チベット・ビルマ語族に属する言語を伝統的母語とする人々に大きく分類される。

前者のうち、中間山地帯の比較的高度の低い地域を中心に住んでいるのが、ネパール語を母語とするヒンドゥーの人々である。山地ヒンドゥー、パルバテ・ヒンドゥーなどと総称されることが多い。彼らはネパールの人口の約四割を占める。その大部分は農民で、バフン、チェットリと、かつて不可触とされたいくつかの職業カーストからなる比較的単純なカースト的社会構成を持つ。旧王家をはじめ近代ネパールの中核となってきた人々の大半は、パルバテ・ヒンドゥーの高カーストに属する人々であった。

インドに連なる平野部タライには、マイティリー、ボージュプリー、アワディーといったヒンディー語系の言語を話す人々が住む。多くはヒンドゥー教徒で、多数のカーストからなる社会を構成してきたこれらの人々は、ムスリム人口も含めるとネパールの全人口の約三割を占める。

タライと中間山地帯の間には、かつてマラリアの蔓延する広大なジャングルが存在した。そこに住んできたのが、タルーをはじめとする民族である。通常社会内にカーストを持たないこれらの人々は全人口の約一割を占める。

他方、中間山地帯の比較的標高の高い地域を中心に住んでいるのが、チベット・ビルマ語族の、多くの場合互いに通じ合わないそれぞれ独自の言語を伝統的母語とする諸民族であり、人口の約三割を占める。これらの人々は、原則として南アジア的なカースト的社会構造を持たず、南ではヒンドゥー教、北ではチベット仏教の影響を受けてきた。私が滞在した工房の家族は、リンブー民族であり、ここに位置づけられる。

チベット・ビルマ語族の言語を母語としてきた人々の中で、カトマンドゥ盆地を中心に住むのが、ネワールと呼ばれる人々である。ネワールは全人口の約五パーセントを占めるに過ぎないが、長きにわたる都市文明の担い手として、ヒンドゥー教徒と仏教徒の双方からなる複雑なカースト的社会を作りあげてきた。

最後に、ヒマラヤの高地に点々と居住するのが、チベット語の方言を母語とするチベット系の人々である。有名なシェルパをはじめその多くはチベット仏教徒であり、服装や食べ物から社会構成に至るまで、チベット的な特徴を多く有している。こうしたチベット系の人々の全人口に占める割合は、一パーセントにも満たない［名和二〇一七：六一七］。

では、ネパールに住まう多様な人々のあいだの関係性はどのようになっているのだろうか。次に、ネパールにおけるカーストおよび民族について、ごく簡単に触れておきたい。実はネパール語では、「民族」も「カースト」もともに「ジャート（*jat*）」という同じ単語で表され、区別されない。ネパールのカースト制度は、インドからの人びとの移動にともない、インドのカースト制度の影響を受けながら、形成されてきた。公的にネパールにカースト制度が導入されたのは、一八世紀にネパールの現在の国土を「統一」したシャハ王朝期で、専制体制を敷いていたジャンガ・バハドゥール・ラナ宰相が、ムルキアインと呼ばれる国定カースト序列を、一八五四年に制定したことにある［中川　二〇一六：八］。ムルキアインでは、ネパールのさまざまな社会集団の間の関係性を、次の四つに分類した。①聖紐を身につけたもの、②奴隷化できない・酒を飲むもの、③奴隷化できる・酒を飲むもの、④水を受けとれない・可触、⑤水を受けとれない・不可触、である。このムルキアインの特徴は、元々カースト制度をその集団内部にもたないヒンドゥー以外の人びとをも、カーストに組み込み、序列化したことにある。これにより、多様な集団が住まう王国の社会的基盤を構築しようとした。リンブー民族はムルキアインでは③に位置づけられていたが、一八六一年にネパール・チベット戦争における功績が認められて、奴隷化から解放された［Höfer 2004 (1979): 98］。このように、国家によって定められたカースト序列も完全に固定的ではなく、ある集団や個人が上昇したり下降したりする可能性をあらかじめ含みこんだものであった。一九五九年には、憲法でカースト制度は廃止された。他方で実生活レベルにおいては、たとえば元不可触民カーストへの差別は存在するなど、今なお影響をあたえている。

私が滞在することになったM町は、中間山地帯に位置する町で、標高は一五〇〇メートル程である。夏もそこまで暑くなく、冬は雪が降るほど寒くもなく、穏やかな気候の町だった。カトマンドゥからのアクセスは良いとは言えないが、ビラトナガルやダランといった東ネパールの都市部からはバスやジープを使って六時間程度で到着でき、人や物資の行き来が盛んである。

　M町はかつてリンブー民族が支配していた地域であり、今も「リンブーの町」として知られている。しかし、二〇一一年の国勢調査によれば、M町の人口はおよそ七千人であり、その中でリンブー民族の人口はおよそ二割に過ぎず、高カースト・ヒンドゥーであるチェットリに続いて二番目である。その次に同じく高カースト・ヒンドゥーのバフン、タマン民族、ネワール民族が続くなど、多様な民族・カーストが住まう地域となっている［CBS 2011］。

13　山間にあるM町

　東ネパール地域は、一八世紀後半にネパール王国に統合され、高カースト・ヒンドゥーを中心とした他民族・カーストの移住が進んだ。その過程で、かつてリンブーの人々が共同で保有していた土地が、ネパール政府が管理する土地へと転換されていき、それに伴う土地の減少により、リンブーの人々の間では、外国へ出稼ぎに行ったり、グルカ兵に参加する人が増えた［Caplan 1969］。こうした出稼ぎやグルカ兵への参加により得た資金は、リンブーの人々がかつての自分たちの土地を買い戻すことにもつながったという。親族からグルカ兵を出しているかどうかは、その後の経済的な豊かさに大きく影響しているようだった。東ネパールで出会ったある家族は、妻の弟が元グルカ兵で、その夫や息子、娘はダランの持ち家で、特に仕事をせずとも比較的豊かに暮らしているようだった。息子いわく、グルカ兵は家族の誇りであり、兵役を

14　バザールから少し歩くと山々が見渡せる

15　定期市の様子

終えて帰ってくると、「ラフレ・アーヨ！（兵隊さんが帰ってきた）」と熱烈に歓迎されたという。他方でこの家のケースでは、当の兵士は、戦闘で足を失っていた。他にも、退役グルカ兵への年金が、その家族のアルコールや薬物依存と結びつけられて語られることもあった。

　こうした犠牲を払いながらも、グルカ兵からの現金収入は、山間地におけるカルダモンなどの商品作物の栽培や土地の購入、次世代の外国への移住へとつながり、一家を経済的に豊かにしていた。私がある頼母子講のメンバーのピクニックに参加したとき、チェットリの女性がマイクを使って、「これはオーストラリアからきたテレビ！　これはイギリスからきた冷蔵庫！」と言いながら、外国から送られてきた電化製品を自慢げに話すリンブー民族のおじいさんの物真似をしていた。ピクニックには、リンブーの若い女性も参加していたため、私は心配になってちらりと彼女たちの方を見たが、彼女たちを含めて参加者一同、大爆笑だった。つまりこの辺りでは、リンブーの人＝お金持ちというイメージが、少なからず共有されているようだった。

　他方で同じリンブーであっても、グルカ兵を出していなかったり、出稼ぎに行く資金がない家族は稼ぎが少ない。私が後に滞在する工房で働くリンブー民族の二〇代の織り手は、M町の近くの村の出身だった。彼女の住まいは持ち家ではなく、家族は家賃の代わりに持ち主の農地で働く必要があるという。台所のスペースには屋根がなく、風で飛んでいったという。「オープン・エアー・キッチン」と彼女は笑いながら話した。

M町の中心にはバザールがあり、四〇〇店舗ほどが軒を連ねている。ダカ関連のものは、二〇一九年の時点で、工房が六軒、店舗が六軒、ダカを織る糸を扱う店舗が四軒あった。銀行や外貨送金を扱う店舗もあり、ビルのような建物もいくつかある反面、少しバザールを抜ければ、見渡す限り、山々が広がっていた。M町では、常設のバザールの他に、定期市が週に二回、火曜日と金曜日に開かれる。火曜日の定期市は野菜が中心で、金曜日の定期市は、野菜以外にも衣類など多様なものが売られ、より大規模だった。私が二〇一八年九月の金曜日に定期市の店舗を数えたところ、およそ三〇〇店が出店していた。

16　古い機織り道具を見せてくれた織り手（右）

17　竹でできた筬

M町でダカはどのように広まってきたのだろう。M町では、一九八〇年代に、山間地の女性の収入向上を目的とした開発援助プログラムがイギリス政府の協力のもと実施された。その中で、ダカや、イラクサ科の多年草であるアロ（学術名 *Girardinia diversifolia* (Link) Friis）から織られる布など、地域の手工芸品がいくつか選ばれ、その生産の改良や外国市場への流通を通じた生産者のエンパワメントが目指された。開発が入る以前にも、すでにダカのトピやショールは、リンブー民族やライ民族の女性たちの収入経路となっており、農閑期の一〇月から三月に、家の中で織られ、定期市で売られていた。開発援助プログラムの中で、ネパール国内や外国で積極的に展示会などが行われたことでM町のダカは有名になり、それが呼び水となって、さまざまな支援団体がM町に入ることとなった。工房や店舗の設立、スキル・トレーニング、織機の購入補助なども実施され、ダカの生産はリンブー民族やライ民族だけでなく、他の民族やカースト、周辺地域や遠隔地にまで広まり、山を降りてカトマンドゥで生産をはじめるものまで現れた[Dunsmore 1998b: 26]。こうした次々に押し寄せる開発援助と、ダカの生産者や生産地の拡散は、伝統的な生産のあり方をなるべく損なうことなく、地域の収入向上に貢献しようとした、一九八〇年代の開発援助プログラムの支援者の意図しない結末だったと考えられるが、M町では現在も、町を歩けばどこからともなく、筬を打つ音がきこえ、工房だけでなく、店舗や家々の軒先で機織りをする姿が見られるなど、ダカの生産は民族やカーストを問わず、かなり身近なものになっている。

## 2　ディディとの出会い

私はそのまま、夜遅くに到着した工房に滞在することになった。その工房の経営者で、五〇代のリンブー民族の女性である、ディディときちんと会ったのは、翌朝だった。ネパール語で「ディディ」とは「お姉さん」を意味する。

ディディは、それまで会ったどのネパールの人とも違っていて、とにかく声が大きかった。私が「メロ・ナーム・ユウコ・ホ（私の名前はゆうこです）」と自己紹介をすると、「あぁん?」というような反応を見せた上で、「ユーケー?」と言った（イギリスのこと）。「ユーケーじゃなく、ユウコです」と言っても聞き入れてもらえず、その後しばらくの間、「ユーケー」と呼ばれた。人が来るたびに、「ジャパンから来たユーケー」という紹介をされ、その度にディディは、にひっといたずらっぽく笑った。

ディディは初めて会ったときから、家の中にいる人を怒鳴り散らしながら、せかせか動いていた。その勢いに私は圧倒され、のんびりとお茶を飲んでいてはここにいられない、という気分になるほどだった。周りの人は、ディディが何か早口でまくし立てるたびに笑っていた。「ディディは本当にコメディ（面白い）」と色んな人が言った。ネパール語初心者だった私は、ゆっくり話してくれる人の言葉が少しずつわかりはじめていたが、ディディはそんなことはお構いなしに、いつも私にも早口で話した。話し終えると、「ユウコ？　アイドンノー？（わかる？の意味）」と訊いた。

ディディの家と工房は隣接していて、二階から行き来することができた。家の中にはたくさんの人がいて、私

18　店に来た子どもをあやすディディ

19　工房（左）とディディの家（右）は二階でつながる

20　ディディの家（右手前）と工房（右奥）と一部の織り手の住む部屋（左）

は初め全員が家族なのかと勘違いしていたが、家族の他に、織り手や近所の人、友達、手伝いの子がいることが後にわかった。滞在した当初家にいたのは、ディディとそのパートナーのタマン民族の男性キショール、ディディの母親と、ディディの孫のアタハン、ディディの姪のチャンディカ。チャンディカは歩いて一分のところに住んでいたのだが、私が滞在中さみしくならないようディディが家に来るように頼んでくれていたそうだ。親族たちに加えて、長年工房に滞在する五〇代のライ民族の織り手ヤムナ、別の織り手の娘でタマン民族のサスミタがいた。ディディの長男や次男も、ふらっと家に戻ってくることもあった。ディディの長女はオーストラリアで夫と暮らしていて、長男の嫁はカトマンドゥに、次男の嫁は日本に向かう手続きをしていた。

## 3　工房の暮らし

ここからは、必ずしも布を織るだけにとどまらない、ダカ織り工房の一日について、詳しくみていこう。
工房で私は、ディディの次男の嫁が使っていた一階の部屋を使わせてもらうことになった。部屋にはベッドがふたつあり、私が入って右側のベッドを、チャンディカが左側のベッドを、その間でサスミタが雑魚寝をするという布陣になった。

毎朝五時ぐらいになると、二階からディディが大声で、「サスミタ！　おいサスミタ⁉　早く起きな！」と呼ぶ。サスミタは、バンバンと部屋のいろんなものにあたり散らかしながら、部屋を出ていく。私とチャンディカはその音で目覚めたあと、もう一度ねむりにつく。その間もサスミタは忙しく、掃除をしたり、畑仕事をしたりしていた。初めの数日間は、私も一緒に起きて手伝おうとした。しかし、二階に行くと、「ユウコ、なんでこんなに早く起きたの？　仕事をするの⁉」とディディに詰め寄られた（?）。ヤムナからも、「ユウコ、もう一回寝なさい」と言われた。朝の時間は忙しく、私はお邪魔虫だった。私はサスミタが起きてから一時間半後の、六時半ごろに起きることにした。チャンディカはまだしばらく寝ていることもあった。

毎朝二階に上がると、ヤムナが、「ユウコ～、グッドモーニング」と、独特のやわらかい声で挨拶してくれ、甘いレモンティを出してくれた。ちょうどその時間になると、サスミタが畑仕事を終え、二階の台所に戻ってくるので、いつも一緒にレモンティを飲んだ。ディディの家には大きな畑があり、その端っこで黒い豚が飼われていた。豚は地面から少し高くなった小屋の中にいて、糞尿が地面に流れている。その糞尿をバケツで掬《すく》い、畑に撒くのがサスミタの日課だった。豚の餌は、野菜屑や食べ残しで、それに火を通して与えていた。「絶対に魚の骨を食べ残しを入れるバケツに入れてはいけない」と口酸っぱく言われた。骨が喉に刺さって豚が死んでしまうという。豚がいない時期には、サスミタがバケツを同じ敷地にあるディディの親戚の家に持っていき、そこの家畜に与える。そして、水牛のミルクを受け取って帰ってきて、それをコンロにかけて殺菌する。台所に誰もいなくなったときに限って、ミルクは吹きこぼれることが多く、朝ぼんやりしていた私は吹きこぼれた音で気づき、時すでに遅しということがよくあった。「火を止める必要はないの⁉　ユウコ⁉」と、よくディディに叱られた。

21　豚の糞尿を畑に撒く

22　水が来るとタンクに貯められる

畑の作物の植え替えの時期には、サスミタの他に、サスミタの母親や何人かの織り手も土を耕していた。個々の家まで水が引

23　トゥンディケルでサッカーをする少年たち

かれているものの、それが一日のうちにいつ来るかわからないこの地域では、水が来ると家々から、「パニ・アーヨ！（水が来た）」という叫び声が聴こえる。そして家に設置してあるタンクに水を貯める。タンクいっぱいに水が貯まると、今度は別のタンクにホースをつなぎなおし、また貯めていく。水が来るのも決まって、家の人がいないときが多く、私はホースのつなぎ方がわからず、貴重な水を無駄にしてしまった。畑仕事も、にんにく畑に水を撒くのに失敗して大きな水たまりをつくってから、任されなくなった。それでも雑草を抜くのだけは手伝った。そこそこ速く抜いているつもりだったが、目の前のディディは私の二倍くらいの速さで、服を泥だらけにして猛スピードで抜いていた。ディディの家は、飛び抜けてというわけではないが、お金持ちの部類に入ると思う。同じ町のお金持ちのリンブー民族の家では、掃除する人を日給で雇い、自分は掃除をしないという人もいたが、ディディは、織り手や手伝いの子を全力で叱りつけながら、一緒に仕事をしていた。ディディはとても厳しいため、パートナーのキショールいわく、「敵がたくさんいる」そうだが、その反面、慕っている人もとても多かった。それは、お金を持っていても、仕事を人に任せずに自分でしていることも大きかったと思う。ディディはよく、「私は何もせずに楽に過ごすのが嫌い。仕事をしている方がいい」と言った。

朝の畑仕事や家事がひと段落つくと、サスミタとキショール、チャンディカ、私は家から歩いて二〇分ほどのバザールにある、ダカの店舗の開店に向かう。途中で通るトゥンディケルという運動場のようなスペースでは、バトミントンやサッカーをする人たちがいた。そこを抜ければバザールのはじまりで、なだらかな坂道が続く。

十字路に位置する店舗の前につくと、力を合わせて重いシャッターを開ける。

キショールは、そのまま椅子に腰掛け、スマホをいじったり、近所の店の人と談笑したりしているのに対し、サスミタとチャンディカは、掃き掃除をしたり、商品の埃を払ったり、前日に広げたままの布を畳んだりする。店は、向かって左側と右側にカウンターがあり、左のカウンターの奥にマットレスの敷かれた一帯がある。そこではサリーを広げて接客をする。右側には、男性が使うマフラーやトピの布が壁一面にぶら下がっている。正面には、クルタ・スルワールや、子供用のダカのチョッキが吊るされている。天井からは、ショールや鞄がぶら下がっている。ひとつ六〇〇〇ルピーほどする高級なトピや、五〇〇〇ルピーから二万ルピー近くするサリーは、ガラス棚の中に入っている。

24　店の様子

ひと通り掃除や整理整頓が終わると、線香に火を灯《とも》し、店に入って手前の壁に祀ってあるヒンドゥーの商売の神様ガネーシャに供える。線香の香りが広がる中、しばらくみんな外を眺めたり、スマホをいじったりする。ディディが家の仕事を終えて店舗にやってくると、近くの店にサスミタがチヤを注文しにいき、みんなで飲む。その間、ディディもキショールもチャンディカも、みんなスマホに夢中だった。スマホを持っていないサスミタは、時々チャンディカから見せてもらっていた。ディディは妹や弟の世話をするため学校には少ししか行けなかったそうだが、ネパール語の表記に用いられるデーヴァナーガリー文字は読める。スマホで何をしているのかと覗いたら、Facebookで動物に食べられた人の骨や交通事故で頭が割れた人の写真なんかをひたすらシェアしていた。おかげで、ディディとFacebookで友達になったあと、自

25　ジャウの山

分のフィード欄を見ると、こんな写真でいっぱいだった。眼鏡を上にあげ、真剣な顔で写真をシェアをしているのは、謎だった。ディディ以外にも、人の遺体の写真はよくSNSにアップされた。たとえばある年、M町での調査を終えてカトマンドゥに戻ったあと、M町の近くでバスが崖から落ちた。その際に一緒にいたチャンディカと次男の嫁は、投稿された遺体の写真を拡大しながら、誰が死んだかを確認していた。お葬式の参列者が、亡くなった人の顔を「R.I.P（Rest in peace）」というメッセージとともに投稿することもしばしばで、当初戸惑ったが、逆に言うと私の日常には、死が生々しく迫る場面が少ないとも感じた。これは動物の死も一緒で、近くの村の友人宅で、豚の餌となる食べ残しを火にかけている傍らでぼーっとしていたとき、突然その家で飼っていたヤギが呻《うめ》いて倒れるのが見えた。私は慌てて、「ヤギが死んだかも！」と叫んだ。すると友人は見にきて、「あぁ、死んでるね」と確認し、ヤギの前足と後ろ足を持つと、茂みの中にぽいっと投げた。それから、「時々こういうこともあるね」と言って、食事の準備に戻った。

もちろん店ではスマホばかり見ているわけではない。ディディの店舗ではダカ布だけではなく、糸も売っているのだが、定期市のない日は、糸を買いにくる人しか、朝一番はいなかった。

こうした朝の客の少ない時間帯には、いつも夕食の下ごしらえをした。たとえば、ネパールではお馴染みの食材であるかぼちゃの蔓（*pharsi ko munto*）の筋とりや、にんにくの皮むきなどである。日本でもテレビ放送されたことのある、「ジャウ（リンブー語ではヤンベン）」と呼ばれる苔のような食材に絡みついた別の植物を七時間かけて取り除いたこともあった。その日の夕食に出されたジャウと豚の内臓の煮込み料理は、びっくりするほど美味しかった。

サスミタが学校に行く九時半ごろになると、一緒に家に戻り、朝の食事をとるようにディディから言われた。サスミタは歩くのが普段は速いが、私に合わせてゆっくりと歩いてくれた。M町は坂道が多く、私はぬかるみの道でよく滑って転んだのだが、朝にトゥンディケルと家の間で転んだ日、昼ごろバザールに出かけると、何人かから、「ユウコ、朝転んだでしょ?」と言われた。M町は小さな町ではないものの、私の一挙一動は結構見られているのだなとそのとき実感した。そのせいか、家だと比較的よく話してくれるサスミタも、外で二人でいるときには、滅多に私に話しかけなかった。

ディディの家に着き、台所にある椅子に私が腰かけると、織り手のヤムナがゆったりとご飯をついでくれる。その間に、サスミタは、ディディの母親、孫のアタハン、ヤムナとともに寝起きしている部屋で、さっと制服に着替える。ネパールは近年教育熱が高まり、子どもの教育のために借金をすることもある。公立学校よりも私立学校の方が「良い学校である」と認識され、多少無理をしてでも私立学校に行かせる親が多い。ダカの織り手の中にも子どもを私立に行かせている人がいた。余談だが、在日ネパール人の間でも私立学校を希望する学生とその親が多いのは、このイメージが根強くあるからだと思う。三者面談の通訳をしたときに、いくら私が「日本では公立学校よりも、私立学校が優れているということはないし、学校によりますよ」と伝えても、私立を希望する人は多かった。

サスミタは、いつも同い年くらいの織り手の娘クマリと一緒に学校に行く。サスミタは機織りが全然できなかったため、ディディの家の仕事や畑仕事を手伝っているのに対し、クマリは工房で母親と並んでダカを織っている。彼らの教育費の一部はディディが肩代わりしている。工房の部屋代もディディは受け取っていない。衣服やアクセサリーを彼女たちに買い与えることもある。その代わりに、たとえば大人の織り手が、ディディに頼まれて荷運びや畑仕事をすると、追加の駄賃が与えられるのに対し、サスミタとクマリには与えられない。こうした相互扶助的な仕組みは、工房の制度として決まっているわけではなく、ディディが何人かの織り手、特に幼い子どもを抱えた織り手の面倒をみる感覚でやっている。ディディはよく、「チャンディカもキショールもアタハンもヤムナもみーんな、私がご飯を食べさせて、住まいも与えている！」とおどけた調子で言うことがあった。

制服に着替えたサスミタは、ご飯をダッシュで食べる。それから歯を磨き、とても器用に髪を結う。その間に、ヤムナが縦に三段容器が連なった銀色のお弁当箱にご飯を詰める。それを、サスミタが通学の途中で店に立ち寄り、ディディとキショールに届けるのだ。彼らが店のカウンターの内側で食事をとっている間は、食事を終えた姪のチャンディカが接客をする。

私は朝の食事のあと、サスミタとともにふたたび店舗に行くこともあったし、工房を覗いたり、ヤムナの台所仕事を見たりしていた。ヤムナが知らない食材で料理をつくるのは見ていて面白かった。今ではガスコンロも普及しているが、竈を併用している家が多く、ディディの家にも竈があった。鍋を置く箇所は二つあり、くべる木や竹の位置を変えて火の強さを調整していた。着火は不要な紙があるときは紙で行なっていたが、意外にもよく使っていたのは、インスタント・ヌードルの袋などのプラスチックで、緑色や青色をした炎を私はやや苦々しく見ていた。友人とダランでバーベキューに行ったときにも同じ方法がとられた。竈でできた炭は別の缶などにとっておかれて、七輪や平たい器に入れられて、寒い時期に暖をとるのに使われた。一度私のお腹の具合が悪くなったときには、みんなで炭を囲んだ。まず手を温め、温もった手をお腹や背中にあてるように言われた。竈はリンブーの人々に神聖なものとして扱われ、ディディは「リンブーの家では、（竈に）火を灯さないといけない」と、よく話した。三年ほど後に調査に来たとき、ディディの家に来ていたタマン民族の手伝いの子が、竈の上にかけられた道具に手が届かず、サンダル履きで竈に上がろうとしたところを、サスミタの母親でシェルパ民族のビスマヤに、「竈はリンブーにとって神様なんだよ！　踏んだらだめ！」と怒られていた。普段使っていない竈を久々に使うときには、まず竈の神様にセル・ロティ（ネパールのドーナッツ）をちぎってお供えしていた。

つくられる料理は、ダル・バート・タルカリと呼ばれる、豆のスープ、米、野菜が盛られたネパールで一般的な献立が主だった。他方で大きく違うのは、豚肉をとてもよく食べることだった。特にディディの家では、私が滞在していたこともあったと思うが、毎日のように豚肉が出された。竈の上には、スクティと呼ばれる豚の燻製肉がよく干されてあった。豚肉は素揚げや煮込みなど、いろんなバリエーションがあり、どれも本当においしかった。豚の耳まで綺麗に食べた。他の肉もよく食べた。ヤムナがヤギの顔の毛をコンロで炙り、カミソリで丁寧に剃っていることもあった。鶏は肉だけではなく、鶏冠と足のもみじの部分もすりつぶされて調理された。一度だけ食べたが、ほろ苦く、おつまみにちょうどいい味だった。また、キネマと呼ばれるネパールの納豆も、「毎朝日本で食べています」と私が言うと、たくさんつくってくれた。

ヤムナは夕飯の支度に目処がつくと、やっとディディの家から二階部分でつながる工房に向かう。工房は日あ

26　竈の上に豚肉を吊す

27　ネパールの納豆キネマ

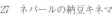

たりがよく、どすどす歩いたら揺れてしまう木の掘立て小屋のようなところに織機が並んでいた。よく鶏がいた。当時、ヤムナが織っていたサリーは鮮やかな黄緑色で、私は今でも買わなかったことを後悔している。チャンディカいわく、ヤムナは「一番織るのがうまい」という。サリーの糸は非常に高価であるため、サリーを織っていたのはもっとも熟練で、ディディからの信頼の厚いヤムナだけだった。工房にはせかせかした雰囲気はなく、かと言って織り手同士が和気藹々としているわけでもなく、それぞれがマイペースにラジオや音楽を聴いたりしながら、黙々と自分の世界に浸って織り進めていた。共同作業もほとんどなく、ごくたまに綜絖通しなどが二人組で行なわれるだけであった。私も数年後にダカを織りはじめたあとは、あまりに静かなので、桂米朝さんの落語をイヤホンで聴きながら織っていた。織機のまわりには、織り手の小さな娘たちがいることも多く、母親が織る傍

28 工房の様子

29 ダカの織機

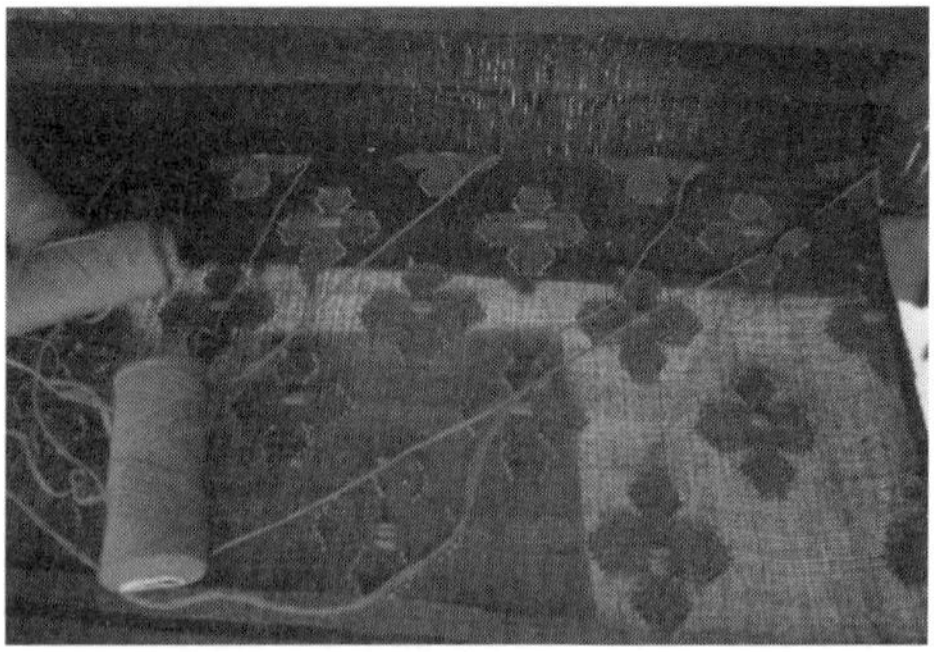

30 地の糸とは別の色糸で模様を織り込んでいく

らでねむったり、機織りの真似事をしたりしていた。織り手自身がゴザに寝っ転がっていることもあった。ディディの母親が時々、家から工房まで出てきて、山々を眺めていることもあった。工房からは、東ネパールの山々がかなり遠くまで見渡せて、人を呼ぶ声が、時々こだまになって響いた。

私は調査当初からずっとダカを織ってみたかったが、売り物を織っているのだからと、なかなか言い出せなかった。それに調査当初は、空いている織機もほとんどなかった。結局、ダカを織らせてもらったのは調査をはじめて三年後だった。そのため、初めのうちは工房にいても手持ち無沙汰だった。しかし、機織りの調査をするのだから、織っているところをしっかりと見なきゃいけないと思い、工房にじっといた。変なジャパニ（日本人）である。そうすると、今考えると当たり前だが、織り手に「ユウコ、ここに腰をかけたら？」と椅子を用意してもらった

31　整経の様子

32　二人組で経糸を準備する織り手

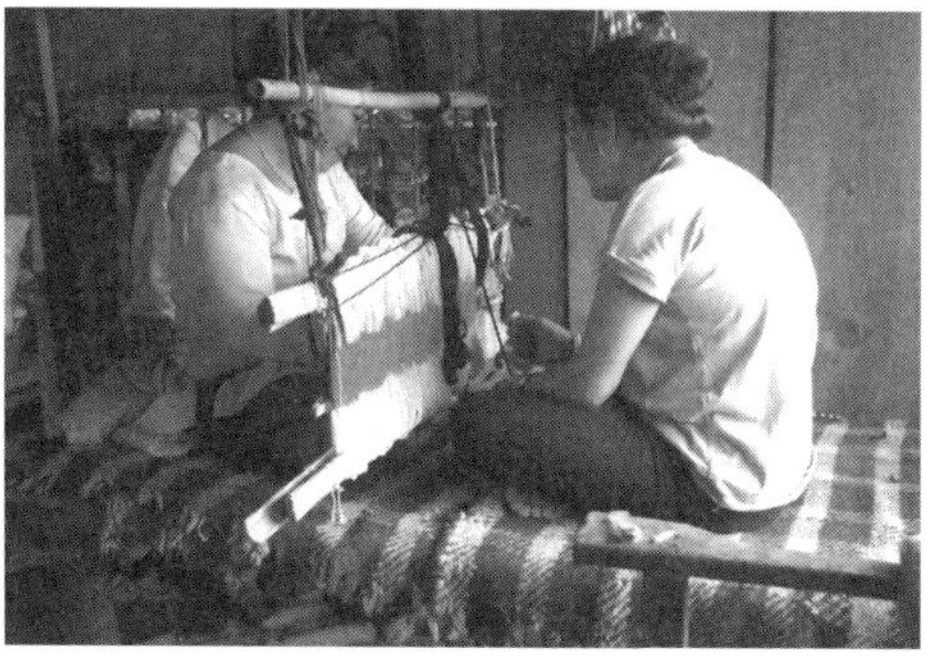

33　綜絖通し

34　母親の隣に座る娘

35　調査当初はいつも織り手の傍らでじっと座っていた

り、色々と気を遣わせてしまった。工房でいくらじっと見ていても織れるようになるわけでもなく、織り手たちは話もせずに織っているため、情報が得られるわけでもなかった。それでもほぼ毎日、工房には顔を出していたが、三〇分ぐらいぼーっとしていると、「ユウコ、そろそろ店におやつでも食べに行きなよ」と言われ、しまいにはクマリが店まで送ってくれるようになった。そんなこんなでダカを自分で織りはじめるまでは、工房よりも店や家にいることの方がずっと多く、だいたい食事を終えたあとで、ちらっと工房を覗いてから、店に戻った。

店ではいつもディディの姪のチャンディカとおしゃべりしていた。チャンディカは陽気で明るい二〇代の女性だった。お昼の時間帯には食事を終えた客が次から次へとやってきたが、その合間でチャンディカはいつもFacebookやInstagramをチェックし、写真をアップしたり、香港に住むリンブー民族の彼氏と電話をしたりしていた。私とチャンディカは「姉妹のように顔が似ている」とよく言われ（「前歯が出ているところまで似ている」とディディに言われた）、ディディは私のことを「日本で生まれたうちの親戚だよ。ネパール語は勉強中だ。そうだろ、ユウコ？」と、店に来た近所の人たちをからかっていた。

チャンディカは、私がフィールドノートに何やらずっとメモ書きしているのを見て、店に来た人が誰か、何を買って、いくらだったかを、逐一教えてくれた。さながら助手のような働きっぷりだった。「あれは私たちのおじいちゃんたち」とチャンディカが説明してくれたのは、毎日朝の食事のあとに来る、「リンブーじいさん四人組」だった（私が勝手に名づけた）。七〇代から九〇代のおじいちゃんたちは、ダカのトピにダウラ・スルワールというフォーマルな出立ちで、いつも店の前のベンチに座る。そこはおじいちゃんたちの専用席のようで、おじいちゃんたちが来ると、他の人は挨拶をして席を譲った。ディディは彼らが来ると「セワロ、バジェ」と両手を合わせてリンブー語で挨拶をし、チヤを人数分注文する。おじいちゃんたちはネパールの政治話に花を咲かせていた。

店では時々、こういうこともあった。私がのん気にカウンターの奥でおやつを食べていると、チャンディカが気色ばみ、「なんでそんなこと訊くの！」と、店にきた同年代くらいの若い男の子を追い返していた（男の子は「元気？」と訊ねただけだったと思う）。何事かと思い、「どうしたの？」と訊ねると、「彼は、私にブラック・メールを送りつけてくるの」と言った。どうやらネパールではSNSによる出会いが増え、知り合いの知り合いのような人とやりとりを行なうのは、かなりよくあることらしい。SNSを通じた男女のいざこざや密会の話は、上は五〇代の女性からも聞いたし、浮気相手との通話やメッセージ履歴がバレて、離婚問題に発展するケースもあった。私は調査中、そこそ

36　店の前はいつもにぎやか

37　サリーを着てみせて接客をする

38　広げられた布をひたすら畳む日々だった

こゴシップ通となり、多くの秘密を抱えた。

学校が終わるのは三時を過ぎた頃で、店舗の前の通りを制服姿の学生や子どもたちが通りすぎてゆく。サスミタも制服姿のまま店に戻ってきて、そのまま店の隅っこで宿題をしていた。マットレスの上で、チャンディカがサリーを簡易的に着て、実際のイメージを客に見せ、サスミタや私がその周囲で、広げられた布をひたすら畳み、元の場所にしまうのが役割だった。五メートルあるサリーを畳むのはむずかしく、初めはとても手こずった。また、ハンガーの上にサリーを置いてしまい、「ユウコ⁉　破れるじゃないか！」とディディからこっぴどく叱られたりもした。

日が暮れはじめると、客足はまばらになる。この時間になると、ディディはどこからともなくトゥンバを取り出し、お湯を注いでこっそりと飲みはじめる。そのままマットレスに横たわるときもあり、店に来た織り手が「ディディ、どうしたの？　寝てるの？」とくすくす笑っていた。サスミタやチャンディカ、私は経糸でつながったままのダカのハンカチやマフラーを切ったり畳んだりしながら、時間を過ごした。ディディの店では、鋏は布用や紙用に分かれておらず、何でもかんでもその鋏で切る。そのため、信じられないぐらい切れ味が悪かった。それにとっても重たく、ずっと切っているうちに指の皮が剥《む》けた。しかし彼らはその同じ鋏でとてもすいすい布を切るので、「この鋏でなんでそんなに切れるの？」とびっくりした。何枚も何枚も立候補して切らせてもらううちに（二人は呆れていた）、ようやくコツが摑めて、切れるようになった。店を閉める六時半ごろになると、近くのヒンドゥー寺院の僧侶がいつもやってきて、「水をおくれ」とサスミタに頼む。サスミタが水をうやうやしく差し出すと、僧侶は受け取り、代わりに飴玉を与えた。サスミタはそれをまた、うやうやしく受け取る。片側のシャッターをおろしても、最後の客が帰るまでディディは店を閉めない。チャンディカとサスミタと私はその間、片づけられる布を片づける。

ついに最後の客が帰れば、重いシャッターを閉める時間である。背の高い私がシャッターを途中まで下げると、サスミタとチャンディカが力を合わせて、最後まで下ろす。そしてすでに暗くなったバザールを、ゆっくりと家に向かって下ってゆく。時々ディディは、肉屋などに寄って買い物をする。サスミタはそのたびに忙しそうに走っていく。暗くなって人もまばらな帰り道では、サスミタが私の腕につかまって、しゃべりながら歩くこともあった。バザールを抜けて、トゥンディケルを歩く。トゥンディケルの途中には、ゲームのできる酒場のような場所があり、若い男性がたむろしていた。いつもチャンディカは早足でそこを通り過ぎた。トゥンディケルから続く坂道の向こうはまだ空が紫色で、いつも少し、日本の家族が恋しくなった。この坂道に差し掛かってすぐのところにチャンディカの家があり、チャンディカは着替えのために一旦、立ち寄る。チャンディカの家は雑貨店を営んでいて、私がチャンディカを待っている間、チャンディカのお母さんがスナック菓子を出してくれた。小さなテレビでは、ヒンディー語のドラえもんが放送されていて、私は釘付けになった。

ディディの家の入り口は真っ暗で、チャンディカがスマホのライトで照らしてくれる。工房からは、まだトントンと布を織る音が響いていた。周辺にはディディの親戚がたくさん住んでいて、柵で囲われた同じ敷地内を、梯子を使ったりして自由に行き来できるため、真っ暗になったあとでも親戚がよく訪ねてきた。二階の台所では、ヤムナが食事の準備をしていた。帰ってき

39　重たい鋏でトピの布をすいすい切る

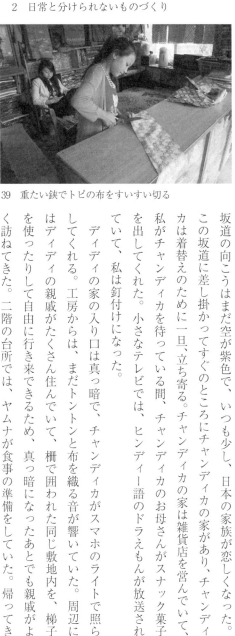

40　豚肉の内臓を洗う

たばかりのディディは、「ほら、早く早く！」と、ヤムナを急かすように、ものすごい勢いで調理をはじめる。サスミタはディディに言われるがままに、部屋中を動き回って、ボールを渡したり、野菜を洗ったり、大忙しだった。私は基本的に、にんにくばかり剥いていた。多分、一生分のにんにくを剥いたと思うくらい、毎日大量のにんにくを剥いたので、「ネパールでは、にんにくをよく食べるのだな」と思っていたが、他の家に行ってそんなことはないことがわかった。チャンディカは「ププ（おば）は本当ににんにくが好き」と話した。豚肉とにんにくの組み合わせは、本当に美味しく、日本にいるより豪勢かも知れない食事が、毎朝目覚めた瞬間から楽しみで、四六時中食べ物のことばかり考えていた（おかげで会う人会う人に「ユウコ、太ったね」と言われた）。ディディはよく、「ユウコは豚肉が好き」と他の人の前で話した。この真意はわからないが、豚肉というのは、リンブー民族やライ民族など、豚肉を食べる民族が多い東ネパールでも、ネパールの他の地域でも、何かと話題にのぼることが多い食べ物だ。

例えば、ヒンドゥー高カーストのチェットリの母とリンブー民族の父を両親に持つ女性と、ネワール民族の男性の結婚式にM町で出席したとき、私はあるチェットリの友人家族と一緒に食事をとることになった。食事会場のテントに行き、お皿を渡され、給仕係の前に行くと、ご飯とおかずを入れてくれる。そこでは豚肉と鶏肉もあった。チェットリの友人家族のうち女性二人は、「豚肉なんかだめ！」と、給仕係の前で、やや大袈裟なリアクションをした。他方で、そのうちの一人の女性の夫は、「俺は豚肉を食べるよ。美味しいのだから、食べるさ」と言って豚肉も入れてもらい、「うまい！」と食べていた。またこの時に拒絶反応を示したチェットリの女性のうちひとりも、「豚肉は何回か食べたことがある。でも人前では食べない」と言った。

これはお酒についても言えることで、リンブー民族の女性たちにはトゥンバや、ロキシーと呼ばれる蒸留酒を飲む人もいるが、あまりに飲みすぎない限り、何か言われることは少なそうだった。もちろん飲みすぎると良くない噂が立てられる。友人のリンブーの女性は、レストランの奥で昼間からビールを浴びるほど飲み、タバコもすぱすぱ吸っているのが目撃され、よくない評判が立った。他方で、チェットリやバフンの家の女性も、お酒をとてもこっそりと飲むことがあった。たとえばチェットリの友人がある日、私に夕方家に来るように言った。家に行くと、友人は目立たないようにフードを被り、人通りの少ないバザールの道をこそこそと歩き、ある店に入った。そこは酒場だった。奥の席のさらに奥にある、店のリンブー民族の女性たちが調理をする竈があるところまで入っていった。そこには女性しかいなかった。友人はそこでもフードを被ったまま、トゥンバを注文して竈の前で一緒に飲んだ。フードは逆に目立つのではと私はひやひやした。他にも私を夜ご飯に招いてくれたときに、ワインを出してくれたチェットリの女性もいた。彼女は、普段からリンブー民族やシェルパ民族の女友達を招いて、時々こうしてお酒を飲むことがあると話した。けれど、離れて暮らす夫には黙っていてほしいと話した。ワインを飲んでいる最中、近所のダリットの女性が現れ、彼女もワインをこっそりと一緒に飲んだ。しかし、その後、その女性の夫がやってきたとき、二人はとても自然に、夫からは見えない位置にグラスを隠し、私だけがひとり機嫌よくワインを飲んでいるような状況になった。友人は、「ユウコがワインをどうしても飲みたいというから。ね、ユウコ？」と念押しした。

ディディの家では、ダル・バートが出るまで、じゃがいもの素揚げや、豚肉の揚げ物、時にはパニ・プリという揚げ菓子（中にじゃがいもやスパイスを入れて食べる）などが出された。それは家族や客人だけでなく、手伝いに来る織り手やサスミタにも振る舞われた。手伝いに来る織り手は、たとえばサーグと呼ばれる菜葉を売るために束ねたり、乾燥したとうもろこしを熱してポップコーンをつくったり、サトゥと呼ばれる麦こがしのようなものを炒ったりしていた。手伝いを終えると、だいたい台所の奥にあるディディのお母さんの部屋に行き、みんなでインド・ドラマを見ていた。サスミタも織り手たちがドラマについて、「えー、どうなるの?」「あらま!」などと言っているとﾞたまらず部屋に入って覗き見をしてしまう。そしてディディから、「サスミタ! 何見てんだい?」と怒られていた。時々ディディがあまりに厳しく叱っていると、ディディのお母さんがディディを諫め、ディディがそれに反論するうちに二人の喧嘩に発展して、サスミタのことはすっかり忘れられることもあった。とにかく、ダル・バートが出されるまでの時間、ディディの家の中は、織り手やその娘も入り乱れて、とてもにぎやかだった。

ご飯は八時過ぎから食べはじめる。私はいつもご飯の前にすでにお腹いっぱいだった。ヤムナがディディのお母さんにまず給仕し、他の家族や客人に注がれる。織り手やサスミタまで給仕し終えて、だいたいみんなが食べ終えると、ヤムナは、残ったおかずやらを鍋に全部入れて、鍋からそのまま食べていた。

織り手たちは自分が食べた皿を洗い、ふたたびお母さんの部屋でインド・ドラマを見たり、自分の部屋に戻るものもいた。ディディとキショールも自分たちの部屋に戻る。サスミタとヤムナは食器や調理器具を二人がかりで洗う。とても少ない水を、うまく節約しながら洗う姿は、何回見ても感心した。それから台所をきれいに掃き掃除する。チャンディカが自分の家に戻るときは、サスミタやクマリが、懐中電灯で照らしながら送っていく。インド・ドラマを見飽きた織り手たちが、徐々に自分たちの部屋に帰っていくころ、サスミタとヤムナの片づけもようやく終わる。サスミタとヤムナは、普段はディディの孫のアタハンとお母さんのベッドの間のスペースに敷物を敷いて寝ていた。サスミタは、寝転がりながら宿題をしていることも多かった。チャンディカは、「アタハンは全然宿題をしないけど、サスミタはちゃんとする」と話していた。私の滞在中は、サスミタは一階に降りて、私とチャンディカと同じ部屋でねむる日が多く、心なしか楽しそうだった。

## 4　布を織る日常

ディディの工房で暮らしはじめる前は、機織り工房といえば、近代的な工場に代表されるように労働が組織化され、勤務時間や生産量がある程度管理された生産をしているとイメージしていた。けれどディディの工房はそれとは大きく異なっていた。工房では、生産がユニット化しておらず、織り手ひとりひとりが好きな時間にマイペースにダカを織っていた。工房にいたあるリンブー民族の二〇代の織り手は、初めのうちはダカを工房で織っていたが、その後、店番をするものがいなくなったことで、機織りをやめて店を手伝うようになった。工房では、出来高払い制で賃金が支払われ、そんなに速くダカを織れない彼女の賃金はシャツを二、三日に一枚程度織り上げて、月に四五〇〇ルピーほどだったが、店番になってからは六〇〇〇ルピーへ上がった。しかし彼女は、「ダカを織っているときの方が楽でよかった。好きな時間に起きて、好きな時間に織って、友達と出かけたりもできた」と話した。工房は織り手の流動が激しく、ふたたび訪ねると、以前にいた織り手がごっそりいなくなり、入れ替わっていることもあった。しかし、若い織り手には新しくきた人が多かったが、年配の織り手の大半は、「以前にもいた」「数年前にいた」「毎年、この時期に来ている」という人が多かった。時間やノルマ、計画にしばられない工房の柔軟な生産のあり方が、織り手を呼び込んでいる側面もあったように思う。

ここまで見てきたように、工房では、織り手はダカを織っているだけではなく、ディディの家の炊事や畑仕事、店番を手伝うものもいる。ディディの家に出入りしない織り手にとっても、工房は彼女たちの生活の場であることに変わりはない。織り手は買い物に行ったり、炊事や洗濯に頻繁に手を止めながら、ゆったりとダカを織っていた。このような日常と仕事が入り混じった工房のあり方は、毎朝出社をして、その間は「会社の人」として仕事をし、退社をしたあとに日常を取り戻す、そんな日本での仕事と日常のあり方について問い直すきっかけともなった。

## 三　機織りとともに生きる人々

### 1　身体に根ざした「わざ」

私が東ネパールのダカに興味を持ったのは、「ふたつとして同じダカは存在しない」という記述を読んだことがきっかけだった。しかし、M町の店舗でダカを初めてみたとき、「あれ？　ここでも同じような模様がたくさんある」と、気づいた。あの記述はもう以前のことで、今は同じパターンで織るのが主流なのだろうかと、ちょっとだけがっかりした。けれど、工房や店舗に滞在する中で、「似たような模様」であっても、「同じ模様」ではないということが徐々にわかってきた。一見、ほとんど同じように見える模様でも、微妙にバランスや大きさが違ったり、模様の一部が異なったりしていて、ちょっとした間違い探しのようだった。それは、ひとりひとりの織り手の手癖や工夫とも言える。

東ネパールでは、ダカは縫い取り織りと呼ばれる技法で織られている。緯糸とは別の色糸で、幾何学模様を織り込んでいくのがその特徴である。たとえば、ショールやサリーの縦横の長さはだいたい決まっていたが、模様の大きさは厳密に決まっておらず、方眼紙上のデザインを見ながら織っている織り手もいなかった。これは工房であっても同じで、私が滞在していた工房のディディは織り手に対して、「この色の糸で」「こんな模様で」という指示を出したり、サンプルの布を渡したりはするが、メジャーで厳密に測らせるわけではなかった。

模様のうちのいくつかには、木片模様、寺模様、蝶々模様、星模様など、名前があった。けれど、その模様が人々の中で、厳密に共有されているわけではなく、名前から思い浮かべる模様には時にずれが生じていた。たとえばある模様を指して、「これは何模様？」と訊いても、「これは寺模様だよ」「いや、寺模様はこっちで、これは鎌模様だよ」と認識が一致していなかった。またネパールの国花である石楠花《しゃくなげ》模様には数多くのバリエーションがあり、その全てが石楠花模様と呼ばれていた。

名前のついていない模様でも、店舗やSNS上で見たりして、真似して織られることがあったが、やはり全体的なバランスは、個々の織り手の手癖や工夫によって、微妙に異なり、厳密に同じというわけではなかった。こうした点は、ジャカードを用いた生産と大きく異なる。とはいえ、やはり東ネパールでも、同じような模様が増えてきていることは事実だった。一九八〇年代にM町で実施された開発援助プログラムでガイドをしていたシェルパの女性は、次のように述べている。

> 今のダカには、創造性がない。織り手は方眼紙に模様を描かなくても、ダカを織ることができる。M町では、今でも手織りでダカを生産しているけれど、同じ模様ばかりだから機械で織ったように見える。私たちは当時、色の組み合わせの助言はしたけど、模様は織り手に任せた。最近の工房や織り手は、規格化されたような同じダカばかり織っている（二〇一六年九月三日フィールドノート）。

## 2　ものづくりの規格化・制度化

M町では、ジャカード織機や動力機で織られたダカを「機械織り（*machine le bunneko*）」と呼び、自分たちが織っている「手織り（*hat le bunneko*）」のダカと区別している。では、なぜ「手織り」にもかかわらず、同じようなダカが増えたのだろう。ここには、公的機関によるダカの規格化や、M町で頻繁に実施されるネパール国内や外国の支援団体によるさまざまな開発援助プログラムが影響しているように思える。

ネパールの政府機関である国家技能検定委員会では、ダカの織り手のレベルに関する資格を設けている。この

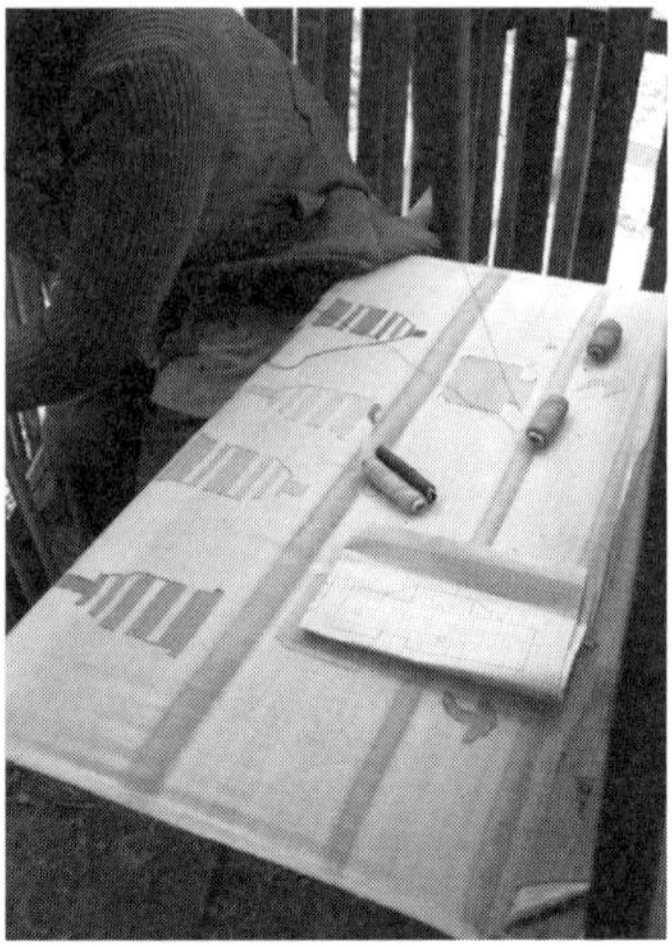

41　方眼紙上のデザインからダカを織るトレーニング

資格を持つ工房経営者によると、この資格は、ネパール産業通商供給省の管轄下にある、各地域の家内・小規模産業オフィス（*Gharelu* Office: Cottage and Small Industry Office）が企画する、ダカの技術指導プログラムや、政府が主催するダカの展示会へ派遣されるための要件になっているという。ダカの技術指導は、ネパール各地や国境を超えたインドのシッキムでも開かれ、ひと月でおよそ二万ルピーが支払われる。私は一度、M町の工房が主催した資格試験対策のワークショップに参加した。そこで予想問題として挙げられていたのは、たとえば、「ある模様を何センチ掛ける何センチで何分間で織りなさい」という実技問題や、「何センチ掛ける何センチのショールを織るのに、経糸は何センチ必要か」という計算問題だった。Mバザール内のダカ店舗には、このような資格証やプログラム修了証が飾られていることが多い。こうした政府によるダカの規格化は、似たようなダカが増えている要因のひとつになっている可能性がある。

また支援団体によるトレーニングでも、商品管理の一環として、方眼紙によるデザインが教えられることも多い。私が二〇一六年にM町を訪問したとき、ちょうどインドの団体から派遣されたデザイナーの女性が、デザイン研修を行なっていた。そこでは、どのようにして身の回りにある身近なもの（たとえば米粒やトゥンバの容器など）からデザインを生み出すかが、色紙を切ったりしながら教えられていた。モチーフは、方眼紙のマス目上に正確に色塗りされ、最終的にM町のチェットリの男性が営む工房で織られた。方眼紙のデザインを正確に織るのは、熟練の織り手でも難しく、普段はスムーズな身体動作で織れるはずの人が、メジャーで測りながらとてもぎこちなく織っていた。この研修はMバザールのホテルで四五日間の泊まりがけで行なわれ、周辺の村から来た、いずれも女性の織り手が一〇人ほど参加していた。一緒にバザールを散歩したときに、研修の先生は、「ダカを外国市場にも売り込むには、模様を正確に複製する技術が必要なの」と語った。そうは言いながらも、熟練の織り手たちが苦戦する姿を見て、彼女も葛藤を抱えているようだった。こうした方眼紙によるデザインはM町でよく教えられているようだったが、プログラム終了後に、織り手がそれを見ながら厳密に織っている姿を私は一度も見なかった。

地域でつくられている手工芸を通じた開発援助プログラムやフェアトレードでは、経済的エンパワメントを達成するのであれば、ものづくりのあり方を大きく変容させても構わないようなきらいがある。そこでは往々にして、支援者側のデザイナーによる「おしゃれで」「センスの良い」とされるデザインを、地域の人にそっくりそのままつくってもらうように指導する傾向にある。しかし、そうした善意にもとづいた介入が、それまで織り手たちが長い時間をかけて身につけた「わざ」を無効化してしまうこともある。ある家内生産のリンブー民族の四〇代の織り手は、「昔は資格がなくとも展示会にも行けたのに。方眼紙に描かなくてもダカは織れるのに」と私にこぼした。別の六〇代の織り手も、「私がダカをつい何年か前に教えたばかりの織り手が資格の認定者になっている。自分が教えた人から資格をもらいたくない」と言った。他にも、長年織っている織り手たちは、「方眼紙は使わない」と言い、「自分の心」や「頭の中の記憶」に「模様がある」と話した。

## 3　工房で暮らす人々

M町では、工房だけでなく、家々でもダカの生産が行なわれ、ダカを織る目的はさまざまだった。子どもの教育費のために織る人がもっとも多かったが、一時期のお金稼ぎや時間つぶしのために織る人もいれば、民族の伝統を知りたいから織るという人もいた。他にも、特に長年工房に滞在する織り手は、複雑な家庭事情やアルコールにまつわる問題を抱え、他に行く場所がないから工房にいるという人もいた。私からあえて訊くことはしなかったものの、他の人の噂話からそれぞれの織り手の抱える事情が私の耳にも入った。そうした事情をなんとなく知ったうえで、店舗でひとつひとつ微妙に異なる模様に囲まれていると、「可愛い」とか「きれい」とは異なる、織り手が費やした時間が模様から浮かびあがってくるような感覚に包まれた。じっと見ていると、私はなんとも言えない気持ちになった。それは、「手の痕跡」としての模様であった。特にびっしりと細かい模様が織り込まれているダカを見ると、その「わざ」に感心すると同時に、一体どんな暮らしの中でこれが織られたのだろうと、思わずにはいられなかった。ここからは、どのような人が、どんな風に、どんなダカを織っているのか、その生きざまにほんの少し触れてみたい。

滞在当初、工房で炊事を担当していたヤムナは、M町の周辺の村の出身で、五〇代のライ民族の女性である。ヤムナは、いつものんびりと、「ユウコ～」と呼びかけてくれた。私が家で暇をしていると、ディディの家の窓から、別の家の親戚に「お～い」と声をかけてくれて、「ユウコ～、今ロキシーをあそこでつくってるから見ておいで。ヤギもいるよ」と世話をしてくれた。ディディの一家や織り手にはキャラの濃い人が多かったが、ヤムナはその点、いつも物静かで穏やかで、ひょうひょうとしていた。竈で料理をしながら、時々たばこを燻らせる姿は様になっていた。ディディがタライ平野の病院に出かけて不在のある夜、姪のチャンディカが流行りのダンスを竈の前で踊っていたら、ヤムナも一緒になって、おどけた様子で奇妙な踊りをはじめたので、お腹が痛くなるほど笑った。その夜はちょっとした宴会になり、織り手たちのいつもとは違う側面を見たひとときとなった。

ヤムナはM町の定期市に来たときにディディと出会い、工房にやってきた。独身で、「結婚はしたくなかった」と話した。チャンディカが生まれる前から工房にいたヤムナは、チャンディカの子守りをし、まだ小さかったディディの息子たちの世話もしたという。私が滞在していた頃は、ディディのお母さんや孫と一緒の部屋で寝起きをしながら、二人の身支度も手伝っていた。
ヤムナは、工房で唯一サリーを織っていた。ずんずんと力いっぱい織り進める織り手もいる中で、ヤムナは力を抜いて、ゆったりと織っている印象を受けた。彼女がダカを織りはじめたのは工房に来るよりも前のことだったという。ダカを織る前は、東ネパールのダカの前身とされるカディもしくはサダと呼ばれる無地の布を織っていたそうだ。

昔、村でカディを織っていた。カディを織るのはむずかしいよ。糸も自分たちで紡いでいた。綿花を栽培して、糸を紡ぐ。うちの家では綿花は育ててなかったけど、母の生家では、栽培していたよ。私の背丈くらいの大きな綿花だった。小さい頃、祖母が綿花を採っているときに、横からふーっと息を吹きかけて、綿を飛ばしたりしてね。よく怒られた。今は綿花を育てているところはないね（二〇一六年九月九日フィールドノート）。

ヤムナは楽しそうに当時のことを語った。ダカを織りはじめてからは、村で友達とトピを織っていたという。「ここのディディからは教わっていない。村にいるときに学んだ」と話した。ヤムナは長年の機織りのせいか、目の調子が悪く、ディディがタライ平野の病院に行く際に、目薬を頼んで買ってきてもらっていた。「目がよく見えない」というのが、口癖だった。私がいつもぱしゃぱしゃと写真を撮っていたら、「今度来たとき、写真を持ってきてね」と言われた。「持ってきます。でもどうして？」と訊ねると、「思い出のため」と答えた。
二〇一八年に工房を訪れたとき、ヤムナの姿が見当たらなかった。ディディに「ヤムナ・ディディ（お姉さん）はどこに行ったの？」と訊くと、ディディのお母さんの具合が悪いため、病院に近いタライ平野に住む姉妹のところでお母さんを預かってもらうことになり、ヤムナもディディのお母さんの世話をするため、一緒に山を降りたという。ヤムナのいなくなった工房や家は、どことなく殺風景な感じがして、私はなかなか慣れなかった。工房ではサリーはほとんど織られなくなり、ディディは家々でダカを織る織り手から、店で売るサリーを買いつけしていた。

ビスマヤはサスミタの母親で、三〇代のシェルパ民族の女性である。タマン民族の夫が別の女性と結婚したため、まだ二歳だった娘のサスミタを連れて、北東にある村から二〇代後半で工房に来た。酒癖があまり良くないため、サスミタとは別の部屋で暮らしていたが、ビスマヤもサスミタも、ディディの家のご飯を食べるため、毎日顔を合わせ、会話も交わしていた。調査の初め、私はビスマヤのことが少し苦手だった。ビスマヤは新しい織り手にとても厳しく、よく揉めていた。案の定、謎の日本人がうろちょろするのを、しばらくの間、よく観察していたのか、どことなくそっけなく表情も硬かった。でも、ディディの家で食事をともにするうちに、私が工房に行くと真っ先に「ユウコ、来たんだね」と声をかけてくれるようになった。工房にいる人が少ない日は、「ユウコが来なかったら、私たち二人だけだったよ」とも言ってくれた。私に合わせて、いつもとてもゆっくりしたネパール語を話してくれた。

酒を飲んだり、他の織り手と揉めたりすることはあったが、ビスマヤは私が見た限り、誰よりも働き者だった。朝からディディの家の畑仕事を手伝ったり、野菜を担いで運んだり、日中はダカを織り、夜になるとディディの家で麦こがしやポップコーンを延々と炒ったり、サーグを紐で結んだり、片時も休まず働いていた。休みの日にディディとビスマヤと三人で、ディディが所有する土地の梨を収穫に行ったこともあった。ビスマヤは夜、ディディの家の仕事を手伝ったあと、ロキシーを飲みながら、スマホをじっと見ていることが多かった。何をいつも熱心に見ているのだろうと覗き込んだところ、チベット仏教に関する動画だった。私の視線に気づくと、「ヒンドゥーはきらい」と呟いた。

ある夜、ディディの家で一緒にサーグを紐で結んでいると、ビスマヤの様子がちょっとおかしかった。「ビスマヤ・ディディ（お姉さん）、大丈夫？」と声をかけると、「頭がずっと痛い。もう三日目だよ。頭痛の薬ある？」と言った。ネパールの薬局で買ったサイネックスという薬があったので、それを渡した。ビスマヤは薬を飲むと、険しい顔をしながら、ひとときも手を止めることなく、ふたたびサーグを紐で結び続けた。

ビスマヤは、工房では、ローカル・ラジオをかけながら、男性の着るシャツ用のダカを織っていることが多かった。シャツ用のダカは、前身頃と襟に模様が入る以外は、無地の部分が多い。模様もトピやショールの布と比べて大きく、複雑ではない。ビスマヤは体を大きく揺らしながら、緯糸をすいすいと通しては、足で綜絖《そうこう》を操作し、筬を打ちこむ。ある織り手は、「私は二日で一枚しかシャツを織れないのに、ビスマヤ・ディディ（お姉さん）は一日一枚織ってしまう」と話した。彼女の仕事は速いだけでなく、とても丁寧できっちりしていた。時々ひどく疲れた顔をしながらも、ビスマヤはそれを振り切るように、がむしゃらに働いていた。

ビポナは、かつて「不可触民」とされてきたカーストのひとつ、カミの三〇代の女性で、サスミタといつも一緒に学校に行くクマリの母親である。ビポナはまだクマリが小さいときに、歩いて一時間ほどの村から工房にやってきた。夫が別の女性と結婚をしたからだという。サスミタとビスマヤがばらばらの部屋で寝泊まりをしているのに対して、ビポナとクマリは、工房から与えられた小さな部屋でともに寝泊まりをし、食事もほとんどその部屋で済ませていた。クマリは、十字路にあるディディの店舗の斜向かいにある、リンブーの一家が営む本屋で手伝いもしていた。ビポナとクマリがいた村にも、リンブー民族が多かったからか、クマリは時々、野菜の名前などについて、「リンブー語ではわかるけど、ネパール語で何ていうかわからない」と笑った。

クマリは私が工房に行くと、織る手を止めて、ネパール語と英語を交えながらよく話しかけてくれた。ビポナとクマリの織機は隣り合わせで、私とクマリの会話を聞きながら、ビポナは時々笑った。ビポナはもの静かだった。時々クマリは虫の居所が悪いときに、「なに？　なんでそんなこと訊くの？　なんで言わなきゃいけないの？」と、とても反抗的な態度をビポナにとることがあった。そのときもビポナは怒るでもなく、娘の言葉に静かにぼそぼそと答えていた。反抗的なクマリを、ビスマヤが離れた織機からたしなめることもあった。

ビポナとクマリは二人とも、パチュウラと呼ばれるショールを織っていた。パチュウラは女性が羽織るもので、一九八〇年代の開発援助がはじまる以前に、トピとともにすでに定期市で流通していた。私は最初の調査から三年後にダカを織ることになるのだが、その時に教えてくれたのは、クマリだった。クマリは慣れてくると調子に乗って速く織ろうとする私に、いつも「ビスターリ、ビスターリ（ゆっくり）」と言った。ディディの工房ではダカを習う織り手から、教えてくれる織り手に一〇〇〇ルピーを支払う慣習があると聞き、クマリに一〇〇〇ルピーを渡そうとしたが、クマリは「いらない」といって、決して受け取ることはなかった。

クマリは時々、ディディの家の畑仕事や家事、洗濯を手伝うこともあったが、ビポナはほとんどディディの家には入らなかった。ビポナは私がクマリと話す機会が増えると、クマリのいないときでも話しかけてくれるようになった。それはたとえばこんな感じだった。

あぁ、疲れた。いつも織機に座っていても、ちょっとずつしか織ることができない。とっても大変。そうでしょ、ユウコ？　でも私はダカを織ることしかできない。学校にも行っていない。ダカを織って、クマリを育てた。とても大変だった。夫は、クマリがまだ小さいときに、別の女性と結婚してしまった（二〇一八年一〇月一日フィールドノート）。

普段あまり話さないビポナがぽろっと漏らした言葉に、私はビポナの織機に座る長い時間と、その苦労を思わずにはいられなかった。

一度、クマリに誘われ、彼女が習っている空手の道場に夕方、ついていったことがあった。道場には二〇人くらいの生徒がいて、先生から「私たちのクマリさんが、日本からゲストを連れてきてくれました！」と仰々しく紹介されてしまった。壁際で見学をしていると、型の練習がはじまった。クマリは私と目が合うと、恥ずかしそうに笑った。三〇分ほどすると、クマリはなぜか練習を抜けてきた。「どうしたの？」と訊くと、「暗くなる前に家に帰らないと。ディディに怒られる」と言った。「いつもは最後までいるの？　ディディに電話をすれば大丈夫じゃない？」と言っても、クマリは「行こう行こう、ユウコ、早く！」と急かした。なんだか申し訳なさでいっぱいになりながら、暗くなった道をクマリと急いだ。クマリは「ユウコ、大丈夫？　早く早く」と時々振り返った。家に着いてもディディは怒っておらず、心配すらしていなかったので拍子抜けしたが、クマリなりの配慮だったのかも知れない。翌朝、ビポナに工房で、「空手はどうだった？」と訊かれ、いつもより会話が弾んだ。

工房では色々な民族、カーストが混在していることによる緊張感も常にあった。たとえば少しあとの調査の時に、こんなことがあった。ディディの家で夜、ディディとキショール、クマリ、リンブー民族の織り手、私がテーブルを囲んで食事をしているときに、クマリの体調が明らかに悪そうだった。何度も「あぁ、なんで今日はこんなに頭が痛いんだろう」と繰り返した。とても寒そうだった。だから私は脱ぎっぱなしにしていた自分のパーカーを差し出し、「クマリ、着たら？」と言った。クマリは一度断ったが、もう一度促すと受け取って着た。食事を終えたクマリがビポナの待つ部屋に戻ったあと、リンブー民族の織り手は私にこっそりと、こう忠告した。「ユウコ・ディディ（お姉さん）、私はあの子に服なんて貸さない。匂いがついちゃう。これからは貸さないほうがいい」。その子はその子なりに、私を心配してくれているがゆえに、私はどう答えればいいのか、とても困惑した。工房に滞在していた別のリンブー民族の織り手の家族からも、「カミがその辺をうろつくから、とてもいや」と聞いたこともあった。まだ小さなタマン民族の手伝いの女の子が、「そんなことしたらカミみたいと言われてしまうよ、と村で言われた」とクマリの前で話したこともあった。その度にどこか仕方のないこととは思いつつ、胸が痛んだ。結局、私はいつも曖昧な表情で、その場をやり過ごした。こんな出来事を垣間見る度に、クマリと隣り合わせでビポナが静かにダカを織っているときの険しい表情と、丸い背中が浮かんだ。

ディディは、基本的にどのような織り手も工房に受け入れた。他の織り手が口々に「頭がおかしい」と言い、ロキシーばっかり飲んでいる織り手にも、荷運びや畑仕事をさせた。店で織り手からダカを買い取るときも、模様が途中で変わっていないか、別の糸を使っていないかを人一倍厳しくチェックしたが、「他の店では買い取ってくれなくても、ディディの店ではいつも買い取ってくれる」と、ディディの店にばかりダカを納める織り手も多かった。ディディは織り手に対して、決してやさしさや弱みを見せず、いつもすごく厳しかった。けれど家族に言わせれば、やはり生活上の問題を抱える織り手が多いので、厳しくせざるを得ない面もあるという。ディディは、特に小さい子どもを抱えた織り手に対して、多くの仕事を与え、母親が仕事を終えるまで子どもたちを家で遊ばせていた。子どもたちにも厳しかったが、おやつやご飯、飲み物を「ほら、食べな！」と言って、よく与えていた。私が二回目に滞在した頃、ちょうど私と同い年のリンブー民族の織り手が二歳ぐらいの女の子を連れて、工房にいた。その織り手が夜、おでこに懐中電灯をつけてダカを織っている間、女の子は私たちと一緒に家で過ごした。女の子がアルコールを飛ばしたトゥンバを何度もおかわりするのを見て、みんなで笑っている間も、トントンと筬を打つ音がずっと聴こえていた。その織り手が何年かあとに工房を出て、家で織りはじめてからも、学校の帰りにディディの店に母娘で立ち寄り、ディディはジュースやお菓子をあげていた。家内生産になった織り手は独立していて、どこの店に織った布を持ち込んでもいい。けれど、その織り手はディディの店にだけダカを売っていると話した。他にもディディの店には毎日物乞いのお婆さんが来た。他の人が「頭がおかしい人」と呼ぶその老婆に、ディディはいつも一〇ルピーや梨をあげた。姪のチャンディカは老婆が帰ったあと、「ププ（おば）はあの人が好きなの」と言った。

ディディは自分のことを語らない人で、私が何か聞き出そうとしても冗談で返されてしまう。どこまでが本当かわからない話を私が途中まで本気にして、みんながくすくす笑っていることもあった。ディディは結婚して、娘と息子二人をもうけたあと、若くして夫をバイク事故で亡くしている。末の息子はまだとても小さかったとヤムナから聞いた。自分の母親と子どもたちを連れてM町に戻ってきたあと、ダカを織ることで生計を立てた。その後、工房を設立し、それが軌道に乗り、ディディはちょっとした有名人になった。けれど、ディディは一緒に手を動かすことをやめない。それは他の工房の経営者や支援者が、「かわいそうな人だから助けてあげたい」というときの態度や、制度的に誰かを支援するのとは、またちょっと違った態度のように思えた。もちろん真意はわからない。ディディに「なぜ織り手を誰でも受け入れるの？」と訊いたとき、ディディはこう答えた。

「人が勝手にやって来るんだ、ダカを織ると言って。だから、部屋を与えて、織機を与えて、お金を与える」。

## 4　手で考える、手が考える

工房で、家々で、店の軒先で、手の感覚を頼りに模様が織り込まれていく。織り手の丸まった背中越しに織る様子を覗くと、手がひとりでに動いているようだった。これはさまざまな背景を持つ織り手が、長い年月をかけて身につけた「わざ」である。

地域の手仕事を通じた開発援助や公的な仕組みは、しばしば「貧困の改善」「収入向上」などの経済面ばかりがフォーカスされることが多い。そこでは、それまで一緒くたにあったつくるという経験が、デザインと手を動かすこと、つまり頭仕事と手仕事にばらばらにされる。ものづくりに長年たずさわることで身についた熟練の「わざ」は、デザインをなぞるだけの単純作業へと変えられることもしばしばである。そこでは、織り手が日々の暮らしの中で全人格的に経験し、時間とともに積み上げてきた「わざ」は、無に帰してしまう。仕事は仕事となり、日常とは切り離されてゆく。

M町のダカの場合も、模様の規格化や、生産の制度化が進められている。もちろん、それは必ずしも悪いことばかりではない。開発援助プログラムやフェアトレード、ソーシャル・ビジネスなどによって経済的な恩恵を受ける人たちももちろんいるだろう。ただもっとも問題なことは、こうした活動に関わる人々のとても多くが、手や身体の感覚でものをつくることを、無自覚のうちに「遅れている」とみなし、デザインを規格化して揃えたり、生産を制度化したり、組織を厳密に管理することを、誰にとっても完璧に「良いこと」だと捉えていることである。その傾向は、開発の支援者にのみ当てはまることではない。私がインタビューした、M町の家内・小規模産業オフィスの担当者は、「M町のダカの生産は非効率だ。外国に輸出していくためには、効率的な生産が欠かせない。ジャカード織機を導入する考えがある」と述べた。ダカの店舗で話した、出稼ぎから帰ってきたばかりという男性は、「ダカは山奥の小さなビジネスに過ぎない。輸出をするならもっと機械を使って生産しないと」と話した。

それぞれの日常の中でゆったりと、それぞれの手の感覚を頼りに織られてきた東ネパールのダカは、規格化・制度化の波の中で、どうなってゆくのだろう。

## おわりに

### 1　ネパールから帰国して

近年、ネパールから日本に移り住む人々が急増している。トリブヴァン空港の出国ゲートでは、日本に初めて行く人や、一時休暇を終えて日本に戻る人にとてもよく出くわす。私が「大阪に住んでいる」というと、「モモダニ」や「テラダチョウ」など、とてもローカルな地名でも通じるので、妙な気分になる。

飛行機で隣の席になったあるネパール人男性は、日本でネパール人が何人も自殺しているとやや感情的に声を荒げて語ったうえで（そのせいで前の席の人に二人して怒られた）、こう言った。「日本はとても発展していて、システムやルールが本当に素晴らしい。とても計画（organize）されている。でも日本では、まるで僕は、機械になったよう。毎朝同じ時間に起きて、工場に行く。仕事中は話してはいけない。仕事が終われば、一緒に働いている人も、知らない人のようになる」。思えば、私とは逆の経験を、彼らは日本でしているのだ。

最初に調査に行った二〇一五年から、もう八年が経ったが、ネパールから帰国したあとに生じた違和感を、まだ鮮明に思い出せる。それは、生活のひとつひとつがとても楽ということだ。水道を捻れば水が出るし、お金さえ気にしなければ、ほとんど出し放題に使える。節約すると言っても小まめに蛇口を捻って止めるだけで事足りる。あんなに節約して水を使っていた日々が嘘のようで、帰国してしばらくは、つい水をちょろちょろとしか出さず、当時のアルバイト先で「ちょっとしか水出さんと洗いはりますね」と言われた。トイレにもすぐに行ける。ネパールではトイレに行くのも一苦労で、行くのがあまりに面倒だったのか、私は一日に二、三回しかトイレに行かなくなっていた。洗濯は適当に放り込んで、スイッチを押せば勝手にやってくれる。タライに足を突っ込んで、サスミタとホースを渡し合いながら、山ほどのシーツを洗い、絞った日々が嘘のようだった。料理だってそうだ。毎日ヤムナは何時間くらい台所にいたのだろう。野菜を洗ったり切ったり、肉は時には動物を絞めるところからはじめて、薪を採りにも行かないといけない。日本でやろうと思うと途方もないことのように思えた。ネパールでは、毎日店まで二〇分歩き、戻るのにまた二〇分かかり、ご飯を食べてまた店に行って、家に戻って、それでも「町の人だ」と言われた。バザールから遠くに住む「山の人」とは比べものにならないぐらい歩いていないのだ。日本に帰ってくるとどうだろう。家からすぐ近くにある地下鉄の階段の登り降りさえ、辛く感じる。山道を一時間や二時間歩いて、近くの村まで行くのなんて、おしゃべりしながら行けばあっという間だった。それがなぜ、こんなにも大変に感じるのだろう。

## 2　断片化する日常

それから私を最も困惑させたのは、未来の予定がどんどん埋まっていくことだった。ネパールにいるときは、ただぼーっとみんなでチヤを飲んだり、ひなたぼっこをしたり、寒がったり暑がったり、疲れたり、その場その場に応じて、そこにともにいる人と感覚を共有していた。未来の予定は、たとえ次の日であってもほとんど決まっていなかった。調査当初は、スケジュールを決められないことが不思議だったし、苛々したことも一度や二度ではない。何度も予定を確認をしたのに、当日キャンセルは当たり前で、一〇時と言われてご飯を食べずに慌てて行ったらいなかったこともあった。バスの時間も全然正確ではなく、幹線道路で五時間待ちぼうけたこともある。「あと一五分」が繰り返されて結局二時間待つこともあった。初めは「なんで?」と思っていたが、徐々に「そんなもんなんかな?」と私もその時間感覚に馴染んでいった。約束をしていても、「ユウコ！　ご飯を食べてから行きなさい」と言われれば、素直に食べて遅れて行き、「ご飯を食べてました。ごめんなさい」と言っても、約束をしていた当人が「この子は、何をあやまっているのだろう?」という顔をしていることもしばしばだった。もっとも都市の生活に慣れた人にとってはこの限りではないし、昔からネパールを何度も訪れたことのある日本の人たちは口を揃えて、「ネパールの

42　最近は洗濯機のある家が徐々に増えてきている

人たちは、みんな忙しくなった」と言う。

日本における私の生活では、ネパールのように行き当たりばったりは許されない。スケジュール帳の随分先まで予定が埋まり、友人と会うことすら互いの予定を合わせれば一ヶ月先になることもある。今、ここに浸りたくても、絶え間なくやってくる仕事のメールやLINEなどの情報で日常は断片化し、同じ空間にいたとしても別々の世界にいる、そんな感覚がある。たとえば、にんにくの皮をみんなで剥くことのように、目の前にある具体的なことにその場のみんなで取り組む、そんなことはもう、特別の出来事になった。時に分刻みのスケジュールを忠実に守ることは、人身事故で誰かが死んだことやその苦悩に思いを馳せるよりも大切になり、「またか」と思ってしまう自分に愕然としたりもする。ネパールの村へ向かうバスで、隣の女性と話していたときに、「日本では、こんな風にバスや電車で、知らない人とおしゃべりすることなんて、ないよ」と伝えると、彼女は笑みを口元に残したまま困惑した表情をして、「どうして?」と私に訊いた。確かに、どうしてなのだろう。今、ここにともにいる人々がとても遠い。

そんなとき、私は水俣の工房を訪れる。毎回本当に短い期間の滞在でしかないけれど、束の間に頭仕事から開放されて、手を動かす。竹を割ったり、綿の種をとったり、炭焼きを手伝ったり、毎月工房で開かれる本願の会という水俣病患者さん有志のグループが行なう石彫りにも、時々参加させてもらう。初めて水俣を訪れたときに、埋立地で見た石の像を私も今、彫っている。黙々と石を彫りながら、さまざまな背景を持つ参加者の話に耳を傾ける。参加される方には、患者さんの他にも、自分の働き方やシステム社会に違和感を持ち、磁場としての水俣に惹きつけられて来る人がいる。各々がそれぞれの石を彫っていても、手を動かしながら、草木や虫に囲まれて、同じ時間を共有していると、ばらばらに断片化した自分の日常がすーっと溶け合っていく、そんな気がする。

作家の石牟礼道子さんは、新作能「不知火」水俣奉納についてのインタビューの中で、次のように語っている。

今の世の中は、情報はたくさん満ち溢れておりますが、たとえばコンピューターの情報というものは、記号化されて収められているわけですよね。あるいは、バーチャルなものが流行っていますが、そういう擬似的なものではなく、この目や鼻や耳、あるいは舌や肌で直にしか感じとれないものも、きちんとあるのだと思います。それがとりもなおさず、生命に対するいとおしさだと思うんです［新作能「不知火」水俣奉納する会 二〇〇四：四］。

昨年水俣の工房を訪れたとき、工房で機織りをする宏子さんはこんな話をした。「ものすごくかっこ悪くて、しんどくて、汚いみたいなことの価値って、なんだかもう、なくなっちゃったよね。昔の人はなんとなくみんなものを見たら、それをつくるのがどんだけ大変か、わかったんだと思うよ」。

頭仕事と手仕事が分けられて、制度やバーチャルなシステムに回収されることにより、誰かとともに苦しんだり、達成感を味わったり、今ここにともにいるという感覚を共有することだけでなく、目の前にあるものの背後にある、ひとりひとりの行為やその大変さを想像する力が失われているのではないかと、感じる。その傾向は、水俣病事件で責任が制度化され、お金で解決するしか手段がなくなり、その中で人間としての責任や共感する力が抜け落ちてしまったことと、通じるものがあるように私には思える［緒方 二〇二〇：四四―四五］。

私が手仕事を求めたのは、情報システム社会で生きる中で、身体感覚の喪失を意識しはじめたことがきっかけであった。触れることのできない情報システムとの間には、駆け引きがない。漁師で本願の会の発起人の緒方正人さんは、お父さんがかつて、漁のことを「魂くらべ」と呼んでいたと語っている。機械を使って無理に魚をとろうとするのではなく、海を見ながら、魚の世界と波長を合わせ、読み解きをする。それは、考えてわかることではないという［緒方・辻　一九九六：一六］。

このことは漁師と魚との間だけではなく、ものと人、あるいは人と人との間にも言えることだと思う。東ネパールの工房では、時に思い通りにならない糸や織機を、人々がうまく調整しながら、黙々と布を織り進めていた。それだけではなく、それぞれが別々の織機に向かいながらも、どことなく他者の抱える苦労や痛みを、その気配から共有していた。

全てが厳密に管理され、システム化されていくと、全てが設計通りになるのが当たり前だと錯覚してしまう。頭で思い描いた通りにならないことがあることが、つい許せなくなってしまう。身近にともにいるはずの他者のことも忘れてしまう。

全てを頭で思い描いたように、完璧にシステム化したり、制度化したりできるなんてことは、幻想だ。そのことを、日々の手仕事は気づかせてくれる。

**参考文献**


緒方正人
　二〇二〇『チッソは私であった――水俣病の思想』河出書房新社。
緒方正人・辻信一
　一九九六『常世の舟を漕ぎて――水俣病私史』世織書房。
新作能「不知火」水俣奉納する会
　二〇〇四『新作能「不知火」水俣奉納』新作能「不知火」水俣奉納する会。
中川加奈子
　二〇一六『ネパールでカーストを生きぬく――供犠と肉売りを担う人びとの民族誌』世界思想社。
名和克郎
　二〇一七「体制転換期ネパールにおける「包摂」の諸相――言説政治・社会実践・生活世界」名和克郎編『体制転換期ネパー

ルにおける「包摂」の諸相——言説政治・社会実践・生活世界』三元社、一—三四頁。

Caplan, Lionel

2000(1970) *Land and Social Changes in East Nepal: A Study of Hindu-tribal Relations*. Kathmandu: Himal Books.

CBS (Central Bureau of Statistics)

2011 National Population and Housing Census 2011 (National Report). Available at https://unstats.un.org/unsd/demographic-social/census/documents/Nepal/Nepal-Census-2011-Vol1.pdf; accessed March 31, 2023.

Chamlagain, Deepak and Laxmi P. Ngakhusi

2017 *The Gorkha Earthquake 2015: A Photographic Atlas.* Kathmandu: Center for Disaster and Climate Change Studies.

Dunsmore, John

1998a Crafts, Cash and Conservation in Highland Nepal. *Community Development Journal* 33(1): 49-56.

1998b Microenterprise Development: Traditional Skills and the Reduction of Poverty in Highland Nepal. HIMALAYA, *the Journal of the Association for Nepal and Himalayan Studies* 18(2): 22-27.

Dunsmore, Susi

1993 *Nepalese Textiles*. London: British Museum Press.

Höfer, András

2004(1979) *The Caste Hierarchy and the State in Nepal: A Study of the Muluki Ain of 1854*. Lalitpur: Himal Books.

Rich-Zendel, Sarah

2013 Unraveling Fair Trade: Insights from Women Weavers in Nepal. *Studies in Nepali History and Society* 18(2): 305–327.

# あとがき

「どうして研究をはじめてほんの数年なのに、学術的な文体しか書けなくなるのだろう？」。一般読者向けの本書を執筆するにあたり、風響社の石井雅社長から、最初の面談で問われたことは、私を大いに悩ませた。研究をはじめるずっと前に読んだ学術書は、はっきり言って読みづらく、読み通すのにとても苦労した。きちんとした構成の存在によって、流れが断ち切られてしまうとすら感じた覚えがあった。そこで、私の経験を共有し、ともに進むような形で、研究のことを書いてみることにしたが、このような書き方について、ブックレット委員会のミーティングでは、厳しいご意見もたくさんいただいた。そんな中で、藤倉達郎先生と同期の研究者が、そのままの自由な文体でのびのび書くことを、強く勧めてくださった。また、先輩の中村友香さんがパタンのお家で深夜遅くまで励ましてくださった。おかげで執筆をやめないで済んだ。うねうねと蛇行しながら進む本書の内容を、それぞれの仕方で読む中で、私の経験や違和感を、少しだけ共有してくだされば、うれしい。

本書は、私の調査地である東ネパールのダカ織り工房の話が中心となっているが、水俣浮浪雲工房での何気ない会話から、さまざまな着想を得ている。自然とのかかわりの中でつくる、ただ毎日繰り返しつくる、そんな手仕事のあり方について、水俣という土地で、手を動かしながら会話し、考えた時間は、私にとってとても大切だった。

最後に、本書の出版にあたり、毎回とても貴重なご意見をいただきました風響社の皆さま、松下幸之助国際スカラシップブックレット委員会の皆さま、関わって下さった全ての皆さまに、心より感謝申し上げたい。

**著者紹介**
高道由子（たかみち　ゆうこ）
1988年、大阪生まれ。
京都大学大学院アジア・アフリカ地域研究研究科博士課程修了（地域研究）。
現在、京都大学大学院アジア・アフリカ地域研究研究科特定助教。
主な論文に、An Ethnographic Study of the Production Practice of Dhaka Fabric in Terhathum, Eastern Nepal（*Studies in Nepali History and Society*, 26(2)：231-252, 2022)、「ナショナリズムの表象――ネパールの織布ダカ」（上羽陽子・金谷美和編『躍動するインド世界の布』昭和堂、82-85頁、2021年）など。

手仕事を求めて　東ネパールのダカ織り工房の日常

2023年10月15日　印刷
2023年10月25日　発行

著　者　高道由子
発行者　石井　雅
発行所　株式会社　風響社

東京都北区田端4-14-9（〒114-0014）
TEL 03（3828）9249　振替 00110-0-553554
印刷　モリモト印刷


ISBN978-4-89489-816-5　C0039